快乐电脑新生活系列

走进E时代——网上冲浪

朱仁成　曲肖倩　孙爱芳　编著

西安电子科技大学出版社

内 容 简 介

本书是为初学上网的朋友量身定制的学习手册。全书从日常生活、学习和娱乐角度出发，以实用为目的，按需教学，起点低、上手快。

本书共分 8 章，主要介绍了 Internet 的概念、功能与常用术语，Internet 的接入方式，浏览器的认识与使用，网上冲浪的技巧，搜索网络资源的方法，电子邮件的使用，文件的下载，网上 QQ 聊天，网络安全以及博客、贴吧与论坛等知识。

本书结构清晰、语言简练、内容充实、图文并茂，力求达到让广大初学者能够“看图学会上网”的学习效果。本书适合于想快速掌握电脑上网方法的读者阅读，也可作为电脑培训班的教学用书。

图书在版编目(CIP)数据

走进 E 时代：网上冲浪/朱仁成，曲肖倩，孙爱芳编著.
—西安：西安电子科技大学出版社，2014.5(2017.2 重印)

ISBN 978-7-5606-3306-0

Ⅰ. ① 走…　Ⅱ. ① 朱…　② 曲…　③ 孙…　Ⅲ. ① 互联网络—基本知识
Ⅳ. ① TP393.4

中国版本图书馆 CIP 数据核字(2014)第 018625 号

策　　划　毛红兵
责任编辑　毛红兵　王维芳
出版发行　西安电子科技大学出版社(西安市太白南路 2 号)
电　　话　(029)88242885　88201467　　邮　　编　710071
网　　址　www.xduph.com　　电子邮箱　xdupfxb001@163.com
经　　销　新华书店
印刷单位　陕西华沐印刷科技有限责任公司
版　　次　2014 年 5 月第 1 版　　2017 年 2 月第 4 次印刷
开　　本　787 毫米×960 毫米　1/16　　印　张　13.5
字　　数　204 千字
印　　数　9501～14 500
定　　价　25.00 元
ISBN 978-7-5606-3306-0/TP
XDUP 3598001-4

前　言

随着社会的发展和进步，电脑上网已经是非常普及的一种交流和娱乐方式，能够熟练搜索和下载网络资源、使用网络交流、进行网上娱乐以及实现网上便捷生活等已成为每个人必备的技能。熟练地使用网络可以使人们的生活更加方便、更有情趣，但是很多初学者对电脑与上网有一种畏惧感和陌生感。其实上网并不困难，而且积极地接触一些 Internet 知识，可以开阔视野、结交朋友、丰富生活。

本书从实际生活和工作出发，以浅显易懂的讲解方式，介绍了电脑上网中涉及的最基本以及最需要掌握的内容，包括电脑上网的基本操作、网络资料的搜索和下载、收发邮件、网络聊天和网络安全等知识，摒弃枯燥的知识性讲解，力求让读者在最短时间内以最快捷的方式学会电脑上网。

本书在编写时突出了“学得会”、“学得快”和“用得上”三大特点，图文并茂，简单易学。全书共分 8 章，内容安排如下：

第 1 章介绍了多姿多彩的网络新生活，让初学者了解上网都能干什么以及接入网络的方式，认识网页浏览器，培养健康向上的上网理念。

第 2 章介绍了网上冲浪的各种技巧，重点介绍了 IE 浏览器的使用技术。

第 3 章介绍了如何搜索网络资源。学会搜索网络资源至关重要，它可以帮助我们快速找到所需要的内容。

第 4 章介绍了收发电子邮件的方法，包括如何为自己申请一个电子邮箱、如何使用电子邮件软件 Windows Live Mail 和 Foxmail。

第 5 章介绍了下载网络资源的方法，包括 IE 浏览器下载、迅雷下载、快车下载、电驴下载等技术。

第 6 章介绍了博客、贴吧和论坛的注册与使用方法。

第 7 章介绍了如何应用网上聊天软件 QQ 进行网上聊天。

第 8 章介绍了网络安全与杀毒的基本知识。

本书语言简洁、图文并茂，适合初学上网的朋友阅读，也适合普通家庭用户以及电脑爱好者使用。殷切希望本书能为广大读者带来最有益的帮助。

本书由朱仁成、曲肖倩和孙爱芳编著，参加编写的还有何明丽、于岁、朱海燕、赵清涛、郭蕾、孙为钊等。由于编者水平有限，书中如有不妥之处，欢迎广大读者朋友批评指正。

作 者

2013 年 12 月

目　　录

第 1 章　走进网络新天地 1
1.1　认识因特网 2
1.1.1　什么是因特网 2
1.1.2　Internet 提供的服务 2
1.1.3　上网能做什么 3
1.1.4　Internet 的常用术语 6
1.2　常见的上网方式 8
1.2.1　ADSL 上网 8
1.2.2　小区宽带 9
1.2.3　无线上网 9
1.3　认识网页浏览器 10
1.3.1　常见的浏览器 10
1.3.2　启动 IE 浏览器 11
1.3.3　认识 IE 浏览器的工作界面 13
1.4　倡导健康上网 14
1.4.1　内容要健康 15
1.4.2　心理要健康 15
1.4.3　身体要健康 15
第 2 章　轻轻松松看网页 17
2.1　如何浏览网页 18
2.1.1　浏览指定的网页 18
2.1.2　快速打开网页 19
2.1.3　浏览访问过的网页 20
2.1.4　浏览相关信息 21
2.2　保存网页信息 22
2.2.1　保存网页中的文字 23
2.2.2　保存网页中无法复制的文字信息 23
2.2.3　保存网页中的图片 26
2.2.4　保存整个网页 27

2.2.5 查找并保存网页中的背景音乐 28
2.3 使用收藏夹 29
2.3.1 收藏喜欢的网站 29
2.3.2 收藏网页的快捷键 30
2.3.3 访问收藏夹中的网站 30
2.3.4 整理收藏夹 31
2.3.5 备份收藏夹 33
2.4 定制 IE 浏览器 35
2.4.1 提高网页的浏览速度 36
2.4.2 过滤弹出的广告页面 36
2.4.3 设置分级审查 37
2.4.4 清除 IE 浏览器的使用痕迹 39
2.4.5 设置 IE 浏览器的默认主页 39
第 3 章 快速搜索网络资源 41
3.1 了解搜索引擎 42
3.1.1 什么是搜索引擎 42
3.1.2 搜索引擎的基本类型 42
3.1.3 搜索引擎的基本法则 43
3.1.4 确定关键字的原则 44
3.2 使用百度搜索 45
3.2.1 搜索相关网页 45
3.2.2 搜索好看的图片 46
3.2.3 搜索喜欢的音乐 47
3.2.4 搜索视频信息 48
3.2.5 使用百度快照 49
3.2.6 使用百度知道 50
3.2.7 使用百度地图 51
3.2.8 使用百度词典 53
3.2.9 查询天气 55
3.2.10 查询火车车次 56
3.3 使用 Google 搜索 57
3.3.1 搜索网页信息 57
3.3.2 搜索图片 59

3.3.3 充当临时计算器 60
3.3.4 使用手气不错 61
3.4 网络导航 62
3.4.1 站点导航 62
3.4.2 站内导航 65
第 4 章 玩转电子邮件 67
4.1 电子邮件初接触 68
4.1.1 认识电子邮件 68
4.1.2 申请免费电子邮箱 68
4.2 通过网页收发邮件 70
4.2.1 登录邮箱 70
4.2.2 编写并发送邮件 71
4.2.3 添加附件 72
4.2.4 实现一信多发 74
4.2.5 查看和回复新邮件 75
4.2.6 启用自动回复功能 76
4.2.7 删除邮件 77
4.2.8 添加联系人 78
4.2.9 拒收邮件 80
4.3 使用 Windows Live Mail 81
4.3.1 配置邮件帐户 81
4.3.2 撰写并发送电子邮件 84
4.3.3 接收电子邮件 85
4.3.4 回复与转发电子邮件 87
4.3.5 使用通讯簿 87
4.4 使用 Foxmail 收发电子邮件 90
4.4.1 创建 Foxmail 帐号 90
4.4.2 撰写与发送邮件 91
4.4.3 使用信纸 93
4.4.4 接收与阅读邮件 96
4.4.5 收取附件 97
第 5 章 学会下载网络资源 99
5.1 常见的网络下载方式 100

5.1.1 根据下载途径划分 100
5.1.2 根据下载协议划分 101
5.2 使用 IE 浏览器下载 102
5.2.1 使用 IE 浏览器下载资源 102
5.2.2 使用网页中的 Flash 文件 103
5.2.3 下载网页中的视频文件 105
5.2.4 IE 浏览器下载的断点续传 107
5.3 使用迅雷下载 108
5.3.1 安装迅雷软件 108
5.3.2 使用右键下载 109
5.3.3 使用主界面下载 111
5.3.4 使用悬浮窗下载 112
5.3.5 自由控制下载任务 113
5.3.6 查看下载任务 114
5.3.7 搜索下载资源 115
5.3.8 提高迅雷的下载速度 115
5.4 使用电驴下载 116
5.4.1 安装电驴 116
5.4.2 搜索电驴下载资源 118
5.4.3 使用电驴下载资源 120
5.4.4 使用电驴上传资源 122
5.4.5 确定下载文件的保存位置 123
5.5 使用快车下载 124
5.5.1 使用快车下载资源 124
5.5.2 管理下载任务 125
5.5.3 限制下载速度 127
5.5.4 设置自动杀毒功能 128
5.5.5 指定默认的下载路径 129
第 6 章 博客、贴吧与论坛 131
6.1 认识博客 132
6.1.1 博客介绍 132
6.1.2 开通博客 135
6.1.3 登录博客 138

6.1.4 装扮博客空间 140
6.1.5 更改博主头像 141
6.1.6 发表博文 143
6.1.7 在博客中上传图片 144
6.2 百度贴吧 147
6.2.1 申请百度帐号 147
6.2.2 登录百度贴吧 148
6.2.3 发布贴子 149
6.2.4 浏览贴吧中的贴子 150
6.2.5 回复贴子 152
6.2.6 收藏贴子 152
6.2.7 创建新贴吧 154
6.3 论坛 155
6.3.1 介绍几个知名论坛 155
6.3.2 注册论坛 157
6.3.3 登录论坛 159
6.3.4 发表新贴 160
6.3.5 浏览贴子 161
6.3.6 回复贴子 162
第 7 章 时髦的 QQ 聊天 163
7.1 网络聊天常识 164
7.1.1 网络聊天工具介绍 164
7.1.2 网络语言 165
7.2 使用 QQ 聊天 166
7.2.1 下载与安装 QQ 166
7.2.2 申请免费 QQ 号码 169
7.2.3 登录 QQ 170
7.2.4 修改个人资料 171
7.2.5 查找与添加好友 172
7.2.6 使用 QQ 聊天 175
7.2.7 语音聊天 176
7.2.8 视频聊天 177
7.2.9 查看聊天信息 177

7.3　了解 QQ 更多的功能 179
7.3.1　窗口抖动 179
7.3.2　传送文件 180
7.3.3　更换 QQ 皮肤 181
7.3.4　设置在线状态 183
7.3.5　好友管理 184
7.3.6　QQ 空间 186
7.4　学会使用 QQ 群 187
7.4.1　创建 QQ 群 187
7.4.2　加入 QQ 群 190
7.4.3　使用 QQ 群聊天 191
7.4.4　修改群名片 192
7.4.5　屏蔽群消息 193
7.4.6　退出 QQ 群 194
第 8 章　网络安全与杀毒 195
8.1　电脑病毒常识 196
8.1.1　什么是电脑病毒 196
8.1.2　电脑病毒的特点 196
8.1.3　什么是木马 197
8.1.4　电脑病毒的传播与防范 197
8.2　杀毒工具介绍 198
8.2.1　瑞星杀毒 198
8.2.2　金山毒霸 199
8.2.3　360 杀毒 200
8.3　使用金山毒霸 201
8.3.1　一键云查杀 201
8.3.2　全盘查杀 203
8.3.3　自定义杀毒 205

第 1 章　走进网络新天地

内容导读

本章主要介绍了上网前应该了解的一些基本常识，内容包括因特网的概念、Internet 提供的服务以及常用术语、常见的上网方式、网页浏览器与 IE 浏览器的工作界面等，同时还介绍了健康上网的基本理念。通过本章的学习，读者可以了解 Internet 方面的一些基础知识，为进一步学习网上冲浪奠定基础。

本章要点

- 认识因特网
- 常见的上网方式
- 认识网页浏览器
- 倡导健康上网

1.1 认识因特网

因特网是Internet的译音，即国际计算机互联网，它是由使用公共网络的计算机连接而成的全球性的开放网络。任何一台计算机，只要接入因特网，就可以在网上畅游、查阅资料、休闲娱乐、网上理财或者在线购物等。

1.1.1 什么是因特网

因特网(Internet)又称国际计算机互联网，是目前世界上影响最大的计算机网络，它连接着全球数不胜数的计算机，并按照某种协议进行通信。

Internet起源于美国。在20世纪50年代初，出于军事上的需要，美国科学家们将远程雷达和其他设备与计算机连接起来，形成了具有通信功能的终端计算机网络系统。随着科研的不断发展，美国国防部于1968年提出了研制ARPANET的计划，并在1971年2月建成该网，这为Internet的发展奠定了基础。

20世纪80年代中期，美国国家科学基金会为鼓励各大学校与研究机构共享主机资源，决定建立计算机科学网(NSFNET)，该网络与ARPANET构成了美国的两个主干网。后来，随着人类社会的进步和计算机事业的不断发展，世界上的各个国家也纷纷加入这一电脑网络，从而形成了国际Internet，人们把这一网络形态称为Internet，也就是我们说的“互联网”、“因特网”。

Internet的迅速发展将人们带进了一个完全信息化的时代，它正在悄无声息地改变着人类的生活与工作方式。随着科技的不断进步，Internet所缔造的世界将会更加完美，它必将成为人类生活中必不可少的一部分。

1.1.2 Internet提供的服务

Internet是一个涵盖极广的信息库，它存储的信息上至天文，下至地理，无所不包。可以说，Internet是一个覆盖全球的信息枢纽中心，通过它，人们可以获取很多方面的服务，下面列举其几项主要功能。

1. 信息传播

因特网上人人平等，任何人都可以把信息输入到网络中进行传播。目前，Internet 已成为世界上最大的广告系统、信息网络和新闻媒体。Internet 上传播的信息形式多种多样，除了商业信息以外，许多国家的政府、政党、团体还用它进行政治宣传。

2. 资料检索

由于大家不停地向网上输入各种资料，所以 Internet 已成为世界上资料最多、门类最全、规模最大的资料库，用户可以自由地在网上检索资料。

3. 通信联络

Internet 具有电子函件通信系统，用户可以利用电子函件取代邮政信件和传真进行联络，甚至可以在网上通电话或召开电话会议。

4. 专题讨论

Internet 中设有专题论坛组，一些相同专业、行业或兴趣相投的人可以在网上提出专题并展开讨论。

总之，Internet 是一个无穷无尽的信息海洋，它所拥有的信息包罗万象，几乎无所不有，只要连入 Internet，便可获取所需的资源。通过 Internet，人们可以获得比报刊与杂志更加丰富、更加及时的各种信息；可以收发电子邮件、拨打网络电话、开展网络会议，以及进行文字、视频或语音聊天等通信活动；可以不受地域限制地实现远程教学、进行网络游戏、看天下风景名胜；可以进行电子商务活动，实现网上贸易、网上招聘与求职……Internet 能够得到如此迅猛的发展，主要归功于它为人们提供的诸多服务。

1.1.3 上网能做什么

既然 Internet 为我们提供了丰富的信息与诸多服务，那么我们上网以后又能做什么呢？由于 Internet 是全球信息的汇总，它让整个世界变成了地球村，当我们上网以后，不用出门就可以随时了解天下的新鲜事。具体来说，使用因特网可以查阅资料、了解国内外新闻、收发电子邮件、购物和聊天等。

1. 查阅资料

使用因特网可以查阅各种资料，如天气预报、房产信息、交通路线、旅游景点、股票信息以及可口菜肴的做法等，如图1-1所示为查阅的天气预报。

图 1-1

2. 了解国内外新闻

通过因特网可以足不出户就了解目前的国内外新闻。一些综合性网站都提供了时事新闻，除了专业的新闻网以外，新浪、搜狐、网易等都有新闻版块，登录这些网站就可以看到最新的时事新闻，如图1-2所示为搜狐新闻版块。

图 1-2

3. 收发电子邮件

在网上申请了免费电子邮箱后，用户可以使用电子邮件与好友进行交流。支持免费申请电子邮箱的网站有网易、搜狐和新浪等，如图 1-3 所示为网易邮箱的登录界面。

图 1-3

4. 网上购物

使用因特网可以坐在家里购买自己喜欢的东西，这在以前绝对是“天方夜谭”，而在互联网高度发达的今天，这却是“没有做不到，只有想不到”的典型代表。通过因特网，我们可以在一些电子商务网站上轻松购物，如图 1-4 所示为淘宝网购物界面。

图 1-4

5. 网上聊天

因特网缩短了人与人之间的距离，“网友”成了新时代的一个代表性词汇。通过 Internet，我们即使坐在家中也可以广交天下朋友，既可以进行文字聊天，也可以进行语音与视频聊天。

网上的聊天方式很多，既有基于 Web 方式的聊天室，也有专门的聊天工具，如 QQ、POPO、新浪 UC 等，用户可以根据自己的喜好选择不同的聊天方式。如图 1-5 所示是 QQ 群聊天界面。

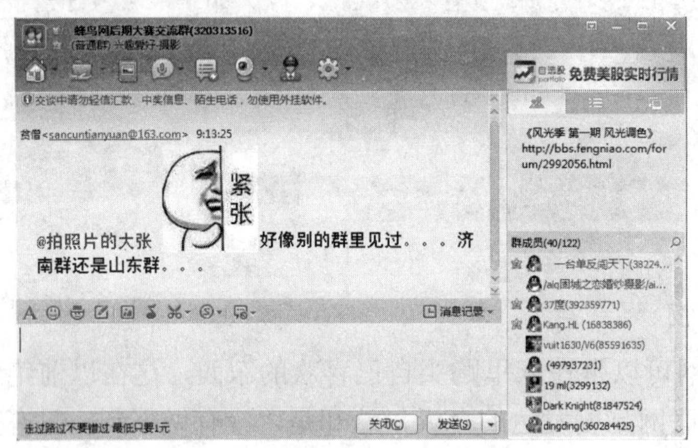

图 1-5

以上只是列举了一些常见的上网能做的事情。实际上，网络就是一个浓缩的虚拟社会，在实际生活中能做什么，网络上基本都可以做到，例如看电影、看电视、炒股票、找工作、玩游戏等。

总之，网络无所不包，无所不有，既有好的，也有坏的，所以我们在学会上网的同时，还要学会甄别好坏，拒绝网瘾，拒绝网毒。

1.1.4 Internet 的常用术语

Internet 中有一些比较专业的术语，了解这些术语的含义有助于对后面知识的理解。

1. WWW

WWW 是 World Wide Web(万维网)的缩写。万维网是无数个网络站点和网页的集合，它们一起构成了因特网最主要的部分，实际上，它是多媒体的集合，由超级链接实现浏览功能。我们通常通过网络浏览器上网观看的，就是万维网的内容。

2. HTTP

HTTP 是互联网上应用最广泛的一种网络协议，全称为 Hyper Text Transfer Protocol(超文本传输协议)，它的作用是保证 WWW 服务器上的超文本正确、快速地传输到本地浏览器上，因此，在浏览器中看到的网页地址都是以 http:// 开头的。

3. TCP/IP 协议

TCP/IP 是 Transmission Control Protocol/Internet Protocol 的简写，即传输控制协议/互联网络协议，它是 Internet 最基本的协议，简单地说，就是由底层的 IP 协议和 TCP 协议组成的，是 Internet 上的“世界语”。TCP 协议负责将从高层接收到的任意长度的报文分割成为一个个的数据包，然后再按照适当的次序发送，当接收端接收到这些数据包后，再将其还原；IP 协议则用于保证数据包传送的准确性。

4. IP 地址

IP(Internet Protocol)地址是分配给主机的一个 32 位的二进制地址，由 4 个十进制字段组成，中间用小圆点隔开，如 202.210.0.8。IP 地址由一个被称为 InterNIC 的专门组织来进行分配，InterNIC 组织在各个地区都设立有地区网络信息中心，它为加入 Internet 的用户分配一个唯一的网络标识地址，以便 Internet 上的其他用户访问。

IP 地址被划分为 5 类，划分规则如下：

- A 类：第 1 个字段的值在 0～127 之间，通常用于大型网络。
- B 类：第 1 个字段的值在 128～191 之间，通常用于中型网络或网络管理器。
- C 类：第 1 个字段的值在 192～223 之间，通常用于小型网络。
- D 类：第 1 个字段的值在 224～239 之间，通常用于多点广播。
- E 类：第 1 个字段的值在 240～255 之间，通常用于扩充备用。

5. URL 地址

URL 即统一资源定位符，是 Uniform Resource Locator 的缩写，用于完整地描述 Internet 上网页和其他资源的地址。简单地说，URL 就是 Web 地址，俗称“网址”。它由三部分组成：协议类型+主机名+路径及文件名，用来标记 Internet 中唯一的资源，利用它可以在 Internet 中定位到某台电脑的指定文件。URL 的格式采用层次结构，按地理域或组织域进行分层，各层间用“.”隔开，在主机域名中，从左向右域名排列的层次依次从低到高，如在 http://www.sina.com.cn 中，最高域名为 .cn，次高域名为 .com，最低域名为 sina。

6. 网页与主页

网页也称 Web 页，是个人或机构存放在 Web 服务器上的文档，也可以将其理解为存放在网站上的一个文件。通过网页可以发布信息和收集用户意见，实现网站与用户、用户与用户之间的相互沟通。主页是一种特殊的 Web 页，是个人或机构存放在 Web 服务器上的文档的基本信息页面，它如同一个网站的门面，通过主页中的超级链接可以快速访问该网站的其他页面。

7. Cookie

Cookie 是电脑中记录用户在网络中的行为文件。网站可通过 Cookie 来识别用户是否曾经访问过该网站。

1.2 常见的上网方式

要实现 Internet 网上冲浪，体验网上生活，就必须将我们的电脑接入互联网，即我们平时所说的“上网”。电脑上网的方式有好多种，最初的家庭上网是通过电话拨号方式接入，费用比较低，但是网速特别慢，所以现在基本不再使用这种方式。目前，常见的上网方式有 ADSL、小区宽带以及无线上网。

1.2.1 ADSL 上网

ADSL(Asymmetric Digital Subscriber Line)是一种通过电话线上网的方式，

是目前我国家庭上网最主要的方式。其优点是上网的同时可以使用电话，但是对通话质量有一定的影响。要使用 ADSL 方式上网，就必须先在网络运营商处开通 ADSL 服务，然后安装 ADSL 上网设备 Modem(又称调制解调器)，建立网络连接。

因为电脑接受的信息是数字信号，而电话线只能传递模拟信号，因此，要通过电话线传递数字信息，就必须在发送前将数字信号转换成模拟信号，接收时再将模拟信号转换成数字信号，这个工作过程必须通过 Modem 来完成。通过 ADSL 上网的连接示意图如图 1-6 所示。

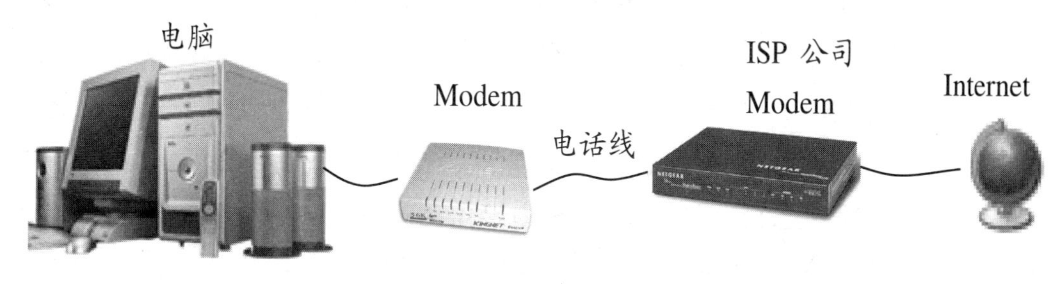

图 1-6

1.2.2 小区宽带

小区宽带又称 LAN(Local Area Network)，是目前大中城市较普及的一种上网方式，它主要采用光缆与双绞线相结合的布线方式，利用以太网技术为整个小区提供宽带接入服务。小区宽带的安装比较简单，它使用单独的专用电缆，因此性能较为稳定；缺点是当小区内同一时间接入用户较多时，网速会变得比较慢。

1.2.3 无线上网

前面的上网方式都是有线上网，随着网络技术的不断发展，无线上网也越来越普及。无线上网主要有两种方式：一是通过手机开通上网功能，然后让电脑通过手机或无线网卡来上网；二是通过无线网络设备，以传统局域网为基础，用无线 AP 和无线网卡来上网。

1.3 认识网页浏览器

网页浏览器是一种专用的上网工具，可以显示网页服务器或者文件系统的HTML文件内容，并允许用户与这些文件进行交互操作。它主要通过HTTP协议与网页服务器交互并获取网页，这些网页由URL指定。

1.3.1 常见的浏览器

最常见的网络浏览器就是微软的Internet Explorer，除此之外，还有一些比较常见的浏览器。下面简要介绍几款网络浏览器。

1. 火狐浏览器

火狐浏览器的英文全称为Mozilla Firefox，它体积小，速度快，是一个开源网页浏览器，使用Gecko引擎(即非IE内核)，由Mozilla基金会与数百个志愿者所开发，适用于Windows、Linux和MacOS X平台。

火狐浏览器内置了分页浏览、广告拦截、即时书签、界面主题、下载管理器和自定义搜索引擎等功能，用户可以根据需要添加各种扩展插件来满足个人的要求。

2. 360安全浏览器

360安全浏览器简称360SE，是互联网上非常好用和安全的新一代浏览器，它以全新的安全防护技术向浏览器安全界发起了挑战，号称全球首个“防挂马”浏览器。木马已经取代病毒成为当前互联网上最大的威胁，90%的木马用挂马网站通过普通浏览器入侵，每天有200万用户因访问挂马网站而中毒。360安全浏览器拥有全国最大的恶意网址库，采用恶意网址拦截技术，可自动拦截挂马、欺诈、网银仿冒等恶意网址。

3. 傲游浏览器

傲游(Maxthon)浏览器是基于IE内核并有所创新的个性化多选项卡浏览器，它允许在同一个窗口中打开多个页面，从而减少浏览器对系统资源的占用，提高网上冲浪的效率。同时它又能有效防止恶意插件，阻止各种弹出式、浮动式广告，从而加强网上浏览的安全。傲游无论是功能设计、界面设计还是交互设计，都非常优秀。

傲游浏览器集成了 RSS 阅读功能，阅读 RSS 时需要先打开傲游侧边栏。软件内置了 Maxthon、新浪网、百度网、天极网、新华网五个类别，只要打开其中一个列表，就会看到它们的子类别。

4. 腾讯 TT

腾讯 TT 是一款集多线程、智能屏蔽、鼠标手势等功能于一体的多页面浏览器，具有快速、稳定、安全的特点。腾讯 TT 最早的名称叫 Tencent Explorer，简称为 TE，于 2000 年 11 月发布第一个版本，是国内最早的多页面浏览器；2003 年 11 月，腾讯 TT 对最早发布的版本进行了彻底优化；2008 年 5 月，腾讯 TT 再次对之前的版本进行全新重构，代码全部重写，推出了强大的、具有多线程功能的多页面浏览器——腾讯 TT4。

腾讯 TT 的主要优势有：运行稳定、浏览快速、上网安全、在线收藏、独立视频、自由换肤等。

5. Internet Explorer

Internet Explorer 简称 IE，是 Windows 操作系统自带的一款网络浏览器。它是目前市场占有率最高的浏览器，主要原因在于它捆绑于操作系统 Windows 中，而个人电脑的操作系统基本上都是微软的 Windows，所以 IE 占尽市场先机，几乎覆盖了整个市场，用户也习惯于先入为主，IE 自然成了使用最广泛的网页浏览器。IE 的最新版本是 IE 9.0，捆绑在 Windows 7 操作系统中。

1.3.2 启动 IE 浏览器

启动 IE 浏览器有两种方法：双击桌面上的快捷方式图标和执行【开始】菜单中的【Internet Explorer】命令。下面介绍这两种方法的操作步骤。

1. 双击快捷方式图标启动

用户启动电脑以后，可以双击桌面上的 IE 浏览器快捷方式图标来快速启动 IE 浏览器，具体操作步骤如下：

第1步 启动电脑并接入Internet网络。

第2步 双击桌面上的Internet Explorer快捷方式图标，如图1-7所示。

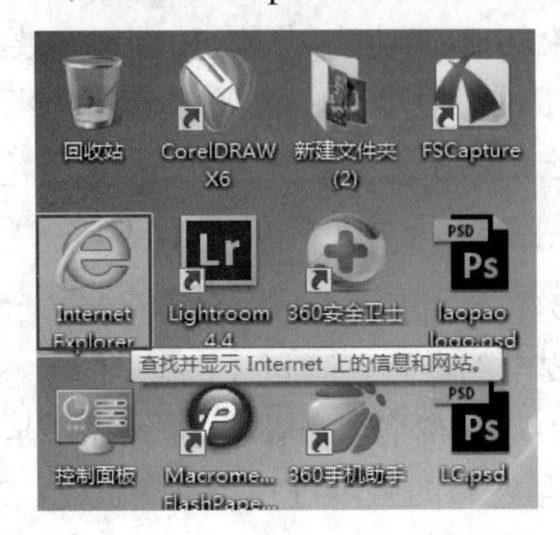

图1-7

第3步 打开Internet Explorer工作窗口，即成功启动IE浏览器，这时会自动进入默认主页，如图1-8所示。

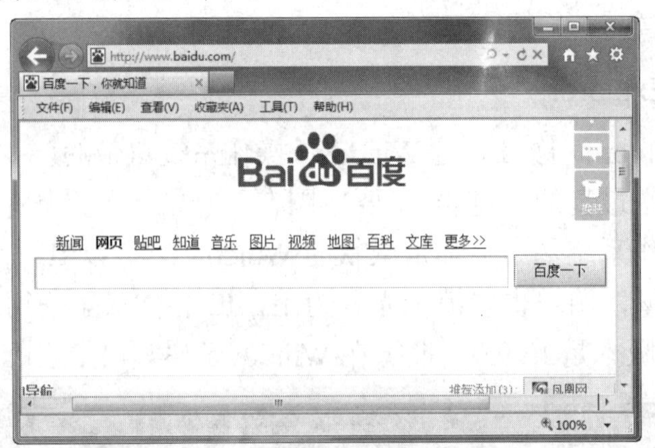

图1-8

2. 通过【开始】菜单启动

用户也可以通过【开始】菜单中的【Internet Explorer】命令来启动IE浏览器，具体操作步骤如下：

第1步 在桌面上单击【开始】按钮。

第2步 在打开的【开始】菜单中单击上方的【Internet Explorer】命令，

如图 1-9 所示。

图 1-9

第 3 步 打开 Internet Explorer 工作窗口，进入 IE 默认的主页，如图 1-10 所示。

图 1-10

1.3.3 认识 IE 浏览器的工作界面

如果计算机已经连接上网，双击桌面上的图标，或者单击【开始】/【Internet

Explorer】命令，即可启动 IE 浏览器。启动后，屏幕会显示 IE 浏览器的主页窗口，本节以 Internet Explorer 9.0 为例介绍 IE 浏览器的界面构成，如图 1-11 所示。

IE 窗口的组成如下：

- 地址栏：用于输入或显示当前网页的 URL 地址。其前方的两个按钮分别是"返回"和"前进"，用于转到上一次查看的网页或者转到下一个网页。
- 选项卡：显示当前网页的标题，每打开一个网页就会出现一个选项卡，单击其右侧的"×"号可以关闭当前网页。
- 菜单栏：提供 IE 浏览器的大部分操作命令。
- 网页信息区：显示文本、图像、声音等网页信息。
- 状态栏：显示当前的工作状态，并且可以改变网页的显示比例。

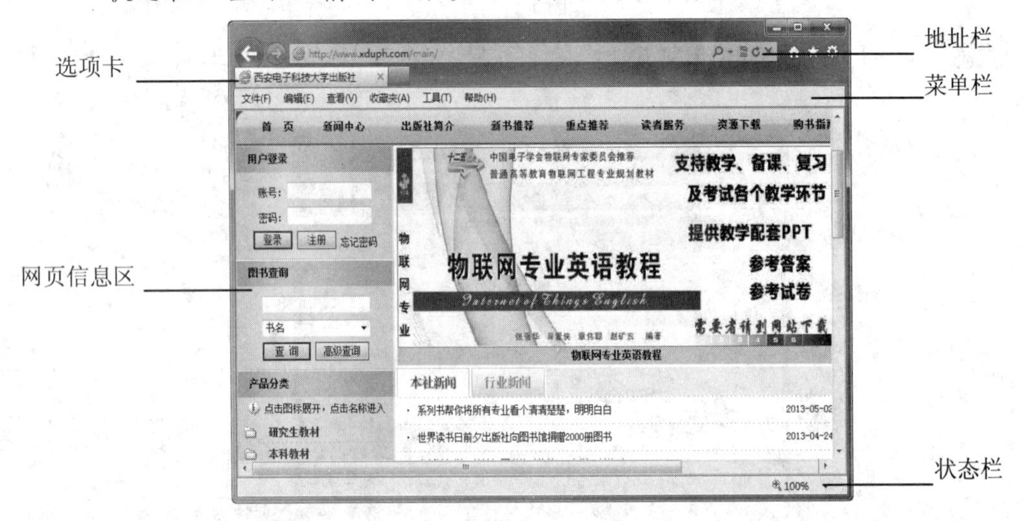

图 1-11

1.4 倡导健康上网

互联网发展到今天，已经成为我们生活中不可缺少的一部分，无论是工作、学习还是娱乐，都会有互联网的踪影。目前我国拥有 5 亿多网民，上至古稀老人，下至少年儿童，涉及面非常广。特别对于青少年儿童来说，一定要倡导健康上网。

1.4.1 内容要健康

互联网中的信息是完全开放的，对于每一个人都是平等的。它更像一个“虚拟的世界”，既有好的一面，也有不好的一面；既有健康的信息，也有黄色暴力的信息。所以，正确引导青少年儿童合理使用网络信息至关重要，要远离黄色网站、暴力网站、黑色网站等，避免互联网中各种有毒文化的侵蚀与危害，真正地让网络为我们的工作和生活带来效率与快乐。

1.4.2 心理要健康

权威机构的调研表明，青少年上网存在着五个比较突出的问题：第一，在网上浏览色情、暴力等不良信息；第二，热衷于网上聊天，许多聊天室里的内容低级、庸俗；第三，沉溺于网络，无节制上网，通宵达旦，影响了正常的学习和生活；第四，网上交友缺少自护意识，容易上当受骗；第五，利用网络知识恣意妄为，缺乏社会责任感，破坏网络秩序。

以上既有内容健康的问题，也有心理健康的问题。对于个人来说，首先应该做到心理健康。互联网是一把双刃剑，它在给人们带来一种全新文化的同时，也对传统的法律、道德带来了新的挑战。互联网特有的新奇性、虚拟性、游戏性正好满足了人们特殊的心理需求，会影响一部分人的心理健康，从而在网络上表现出另一面性格，主要表现在：语言粗俗的攻击谩骂、杀人游戏、裸聊、甚至色情表演等。

因此，我们要坚决抵制不文明、不健康的上网行为，保持健康的心理，正确对待形形色色的网络信息与行为。

1.4.3 身体要健康

网络使我们的工作变得更有效率，给我们的生活带来了更多的便利，增添了我们精神上的愉悦和快乐，但是沉溺于网络则会影响人的身体健康。长时间上网可能会导致以下几方面的生理疾病。

一是颈椎病。长时间保持一种姿势，容易使身体局部疲劳，特别是右肩、颈椎容易过度劳累，引发病症。所以长期从事电脑工作的人，最好连续工作 1

小时左右就休息一下，活动一下头部、四肢与躯干。

二是视力影响。长时间高度集中地关注电脑显示器，容易导致视觉疲劳，出现眼睛干涩、眼红，甚至视力下降等现象。研究表明，每次使用电脑超过两个小时，会对眼睛造成极大的伤害。

三是辐射对身体的影响。电脑的电子辐射对人体有一定的危害，长时间在电脑的辐射下，容易使皮肤生斑，严重者甚至会引起皮肤病变。

总之，物极必反，电脑与网络丰富了我们的生活，但是沉溺于网络与不健康的上网方式也必然给我们带来危害，因此我们要倡导健康上网，既要拥有健康的心理，浏览健康的信息，也要保证身体的健康。

第 2 章　轻轻松松看网页

内容导读

本章主要介绍了在 Internet 上浏览网页的相关操作技巧。网上冲浪的大部分时间是浏览网页，所以本章讲解了使用 IE 浏览器浏览网页的多种方法，如何保存网页中的文字、图片等信息，上网时使用收藏夹的相关技巧及定制 IE 浏览器的相关操作等。通过本章的学习，读者可以轻轻松松地在 Internet 上畅游，浏览自己喜欢的网页。

本章要点

- 如何浏览网页
- 保存网页信息
- 使用收藏夹
- 定制 IE 浏览器

2.1 如何浏览网页

在IE浏览器中所看到的画面就是网页，也称为Web页。多个相关的Web页一起构成了一个Web站点，放置Web站点的计算机称为Web服务器。浏览网页上的信息可以使用多种方法，如直接在IE浏览器的地址栏中输入网站的网址、在网页中*通过超链接进入、通过历史记录或收藏夹进入。

2.1.1 浏览指定的网页

连接到Internet以后，打开IE浏览器，只要在浏览器的地址栏中输入网页的地址，就可以访问该网页。

所有的网页都有一个被称为统一资源定位器(URL)的地址。URL是指网页所在的主机名称及存放的路径，每一个网页都有自己唯一的地址。URL是在Internet上标准化的网页地址，其一般格式为：访问协议://<主机.域>[:端口号]/路径/文件名，例如http://www.chinaren.com/s2005/mtv.shtml。

浏览指定网页的操作步骤如下：

第1步 在浏览器的地址栏中单击鼠标，使地址栏中的字符反白显示，如图2-1所示。

图 2-1

第 2 步 输入要浏览的网页地址，如“http://www.chinaren.com”。

第 3 步 按下回车键，即可打开相应的网页。

2.1.2 快速打开网页

浏览网页时，如果每次都输入一长串网址，操作起来十分繁琐，也容易出错。其实有一个相对比较简单的方法，可以快速打开网页。

在 IE6.0 以上的版本中，只要输入网址的主体部分并按下 Ctrl+Enter 组合键即可。例如，要打开网易的主页，其网址是“http://www.163.com”，只要在地址栏中输入网站名称“163”，如图 2-2 所示；然后按下 Ctrl+Enter 组合键，IE 会自动补充网址的其余部分，并打开该网页，如图 2-3 所示。

图 2-2

图 2-3

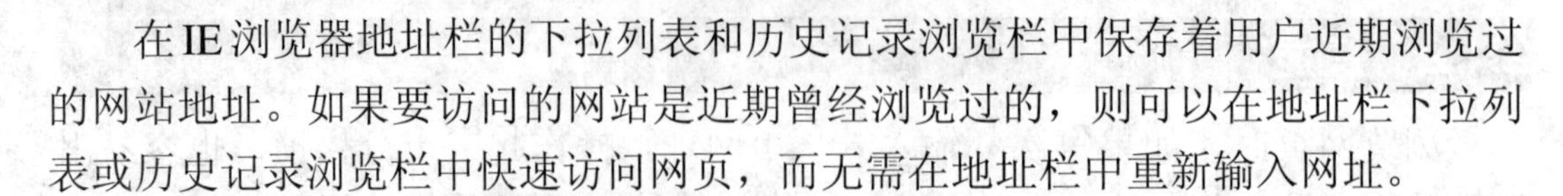

2.1.3 浏览访问过的网页

在IE浏览器地址栏的下拉列表和历史记录浏览栏中保存着用户近期浏览过的网站地址。如果要访问的网站是近期曾经浏览过的，则可以在地址栏下拉列表或历史记录浏览栏中快速访问网页，而无需在地址栏中重新输入网址。

1. 使用地址栏下拉列表访问网页

如果要浏览最近访问过的网站，最简单的方法就是使用地址栏下拉列表访问，具体操作步骤如下：

第1步 打开IE浏览器窗口。

第2步 打开地址栏下拉列表，如图2-4所示。

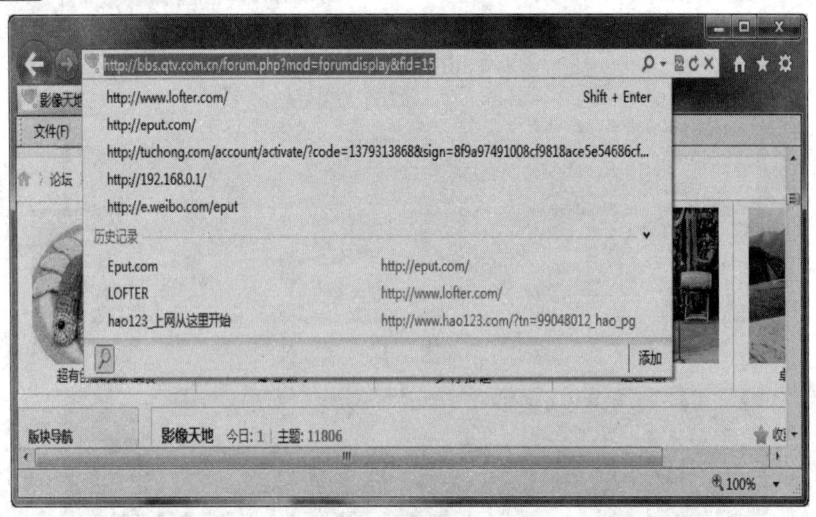

图2-4

第3步 在下拉列表中选择要访问的网页地址，即可在网页信息区打开相应的网页。

2. 使用历史记录浏览栏访问网页

如果用户访问过的网页地址不在下拉列表中，那么还可以使用历史记录浏览栏来访问该网页。历史记录浏览栏中存放了用户最近访问过的网页地址，用户可以凭借日期、站点、访问次数、今天的访问次序等条件快速访问曾经打开过的网页。使用历史记录浏览栏访问网页的操作步骤如下：

第 1 步 打开 IE 浏览器窗口。

第 2 步 单击菜单栏中的【查看】/【浏览器栏】/【历史记录】命令，或者单击地址栏右侧☆按钮，打开历史记录浏览栏，如图 2-5 所示。

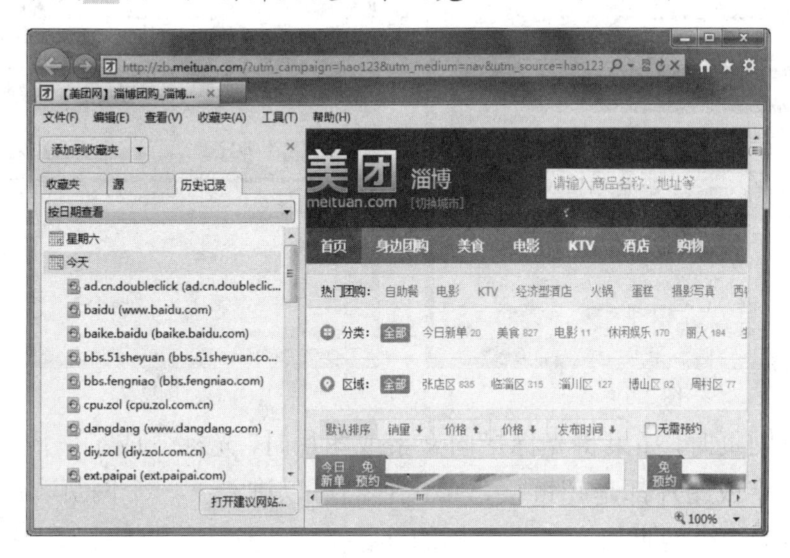

图 2-5

第 3 步 在历史记录浏览栏下方的下拉列表中可以选择显示依据，如选择【按日期查看】选项，系统将显示指定日期范围内用户曾经浏览过的网页地址列表。

第 4 步 在历史记录浏览栏的网页地址列表中选择要浏览的网页地址，即可在网页信息区打开指定的网页。

2.1.4 浏览相关信息

打开网页以后，用户可以根据需要浏览网页上的各种信息。浏览相关信息的具体操作步骤如下：

第 1 步 打开一个网页，例如打开“网易”主页。

第 2 步 在打开的网页中选择要浏览的信息标题，例如单击【股票】超链接，如图 2-6 所示。

第 3 步 这时打开一个新的页面，可以浏览其中的详细信息。如果要返回，可以单击“后退”按钮；如果要进一步浏览详细信息，再单击其中的文字链接，例如单击【行情】超链接，如图 2-7 所示，这样就可以浏览更加详细的网页信息。

图 2-6

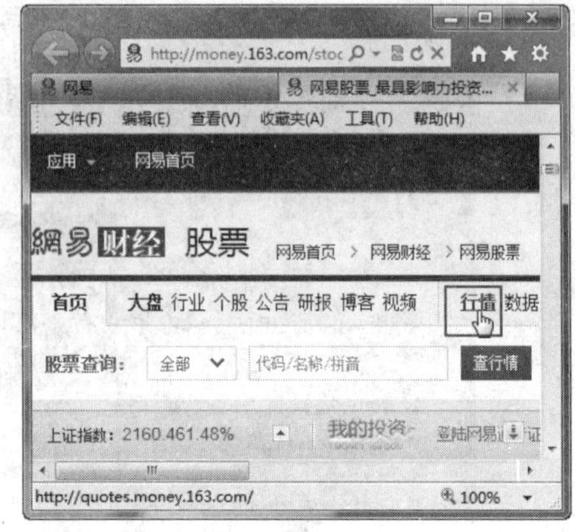

图 2-7

在浏览网页时，如果将光标指向文字或图片时，光标变成了“小手”形状，那么这些文字或图片都是超链接，单击它们可以进入下一个网页。所谓的“超链接”是指从一个网页指向一个目标的连接关系，这个目标可以是另一个网页，也可以是相同网页上的不同位置，还可以是一个图片或一个电子邮件地址。而在网页中用来实现超链接的对象，可以是一段文本或者是一个图片。

- 文本超链接：以文字作为载体时，超链接文字往往含有下划线，即使不含下划线，当将光标指向超链接文字时，文字也会出现下划线或改变颜色。
- 图片超链接：以图片或动画作为载体时，从外观上无法辨别，但是将光标指向超链接图片时，光标会变为“小手”形状。

2.2 保存网页信息

用户在浏览网页的过程中，可以将有价值的内容保存到自己的电脑上，以方便将来使用，可以保存文字、图片、动画或者整个网页中的所有内容。本节将介绍相关的操作方法与技巧。

2.2.1 保存网页中的文字

在整理材料时，网络就是一个图书馆，可以查阅自己所需要的材料，并进行分析、参考、综合处理等。如果仅需要网页中的一段文字信息，则可以按照如下的操作步骤将其保存下来：

第 1 步 在打开的网页中选择需要保存的文字信息，然后单击鼠标右键，在弹出的快捷菜单中选择【复制】命令，如图 2-8 所示。

第 2 步 打开记事本程序，将光标定位在其中，然后单击菜单栏中的【编辑】/【粘贴】命令，或者按下 Ctrl+V 键，将复制的内容粘贴到文档中，如图 2-9 所示。

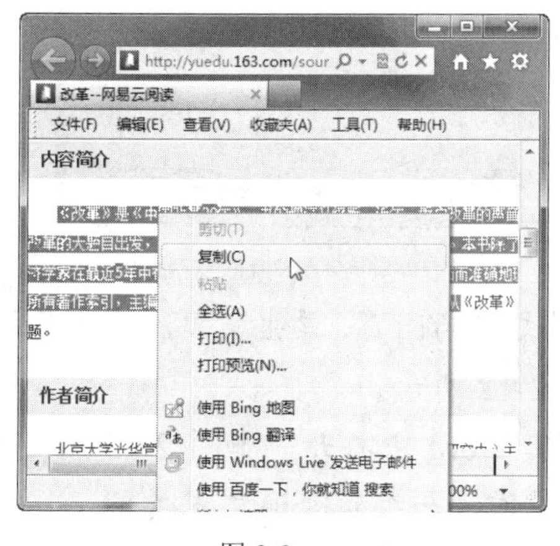

图 2-8

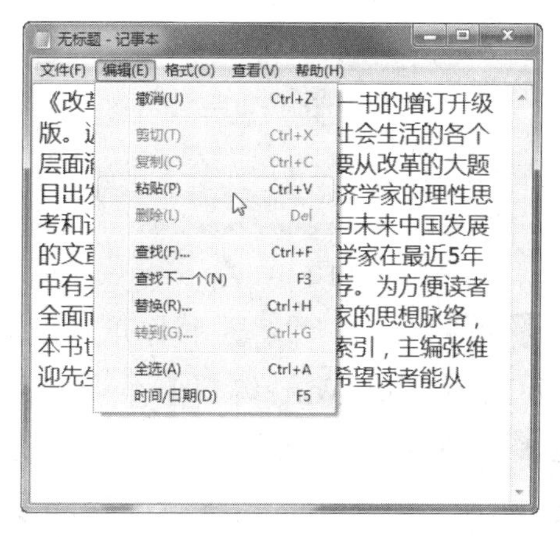

图 2-9

第 3 步 单击菜单栏中的【文件】/【保存】命令，在弹出的【另存为】对话框中设置好文件的名称、保存位置，然后保存即可。

2.2.2 保存网页中无法复制的文字信息

有时在网上阅读到有用的文章后，希望将其保存下来方便日后查看，但却不能使用鼠标右键复制其中的文字信息，这时我们可以通过下面的方法保存网页中无法复制的文字信息：

第 1 步 打开控制面板，双击【Internet 选项】图标，如图 2-10 所示。

第 2 步 在弹出的【Internet 属性】对话框中切换到【程序】选项卡，在

【HTML 编辑器】下拉列表中选择【Microsoft Word】选项，然后单击【确定】按钮，如图 2-11 所示。

图 2-10

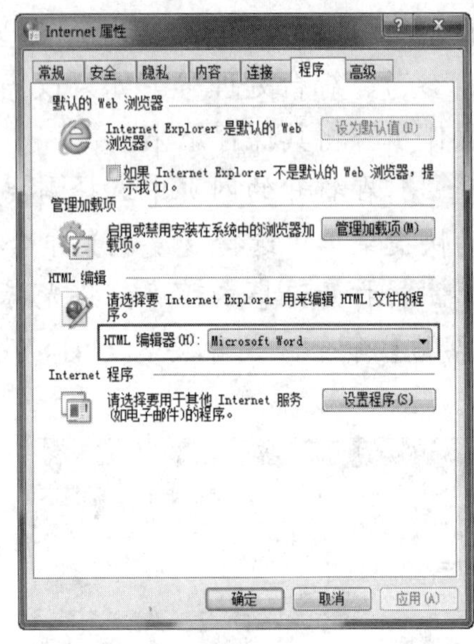

图 2-11

第 3 步 在 IE 浏览器中打开不能复制文字的网页，单击菜单栏中的【文件】/【使用 Microsoft Word 编辑】命令，如图 2-12 所示。

第 4 步 执行上述操作后，该网页将在 Word 中打开，如图 2-13 所示，此时即可对其中的文字信息进行选择和复制操作，与编辑普通文本类似。

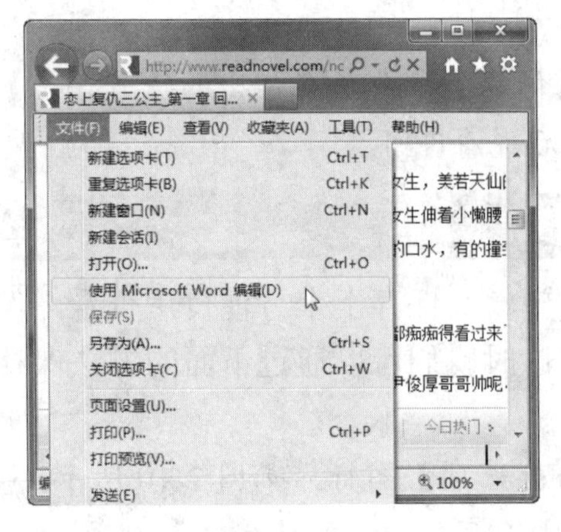

图 2-12

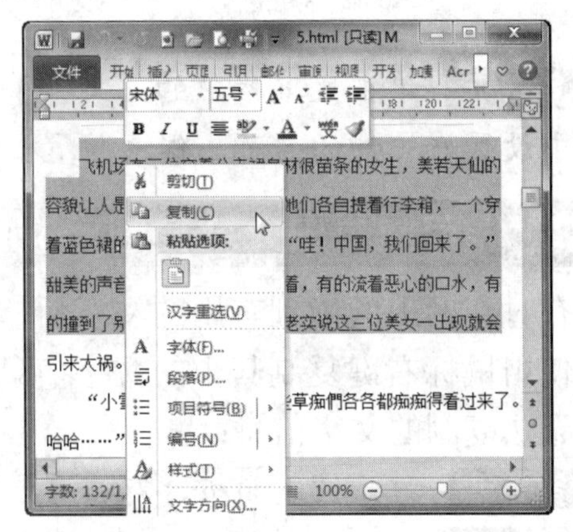

图 2-13

实际上，有些网页中的文字无法选择与复制，是网站作者做了技术处理，不允许对网页内容私自拷贝。而这些技术一般是基于Java运行的，所以，如果关闭了IE浏览器的Java脚本功能，就可以对文本内容进行选择与复制了。具体操作步骤如下：

第 1 步 打开一个不能选择与复制文本的网页。

第 2 步 单击菜单栏中的【工具】/【Internet 选项】命令，如图 2-14 所示。

第 3 步 在弹出的【Internet 选项】对话框中切换到【安全】选项卡，然后将安全级别设置为【高】，如图 2-15 所示。

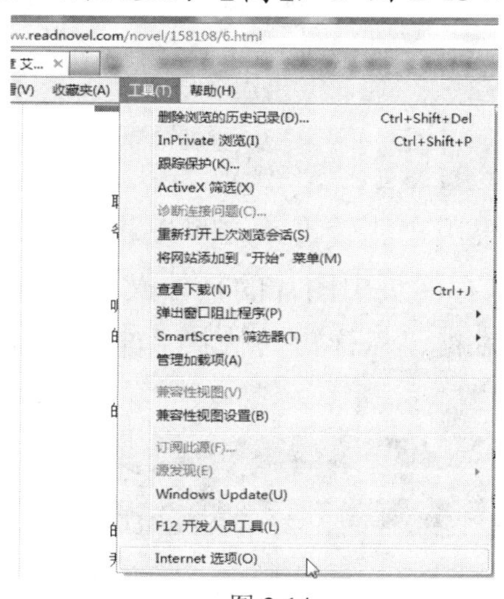

图 2-14

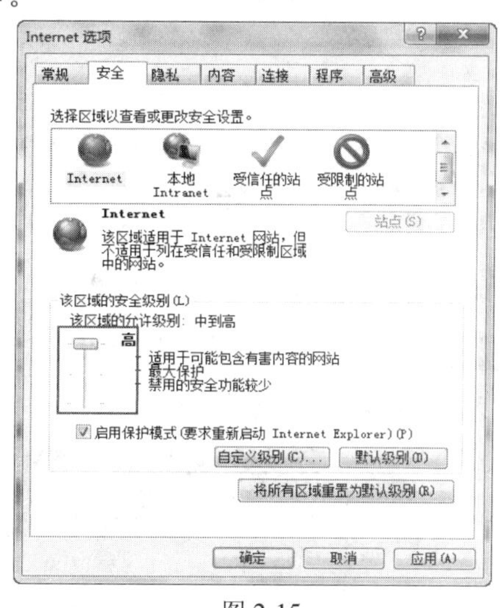

图 2-15

智慧锦囊

当遇到网页中的文字无法选择与复制时，可以从两个角度考虑解决问题。上面给出的方法是将网页还原到了编辑状态，然后进行选择与复制。另外，也可以从解除保护的角度来解决这个问题。

第 4 步 确认设置后，单击菜单栏中的【查看】/【刷新】命令，或者按下F5键刷新网页，如图 2-16 所示。

第 5 步 这时网页中的文字就可以正常选择和复制了，如图 2-17 所示。

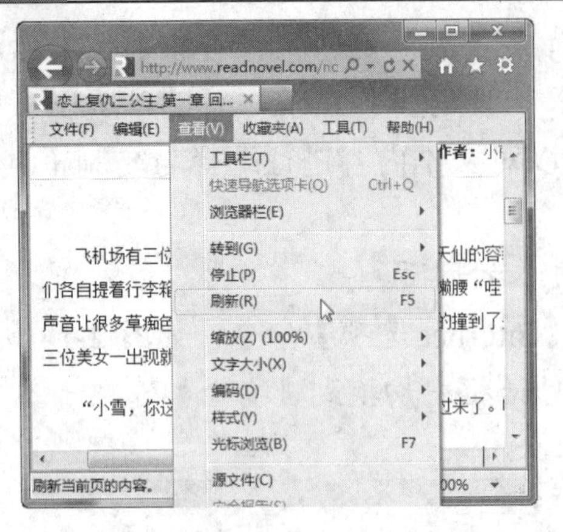

图 2-16

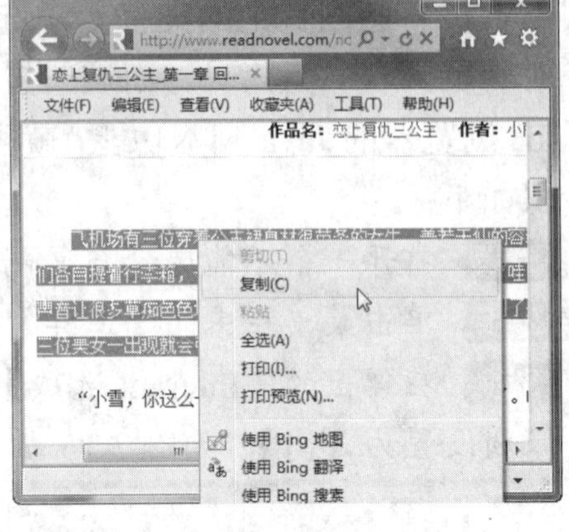

图 2-17

2.2.3 保存网页中的图片

网页中经常会有大量的精美图片，如果用户比较喜欢，可以将其保存到本地电脑中，用作桌面背景、设计素材等。保存网页中图片的具体操作步骤如下：

第 1 步 在网页中的图片上单击鼠标右键，从弹出的快捷菜单中选择【图片另存为】命令，如图 2-18 所示。

图 2-18

第 2 步 在弹出的【保存图片】对话框中设置保存位置、图片名称及图片保存格式等选项，然后单击【保存】按钮完成保存，如图 2-19 所示。

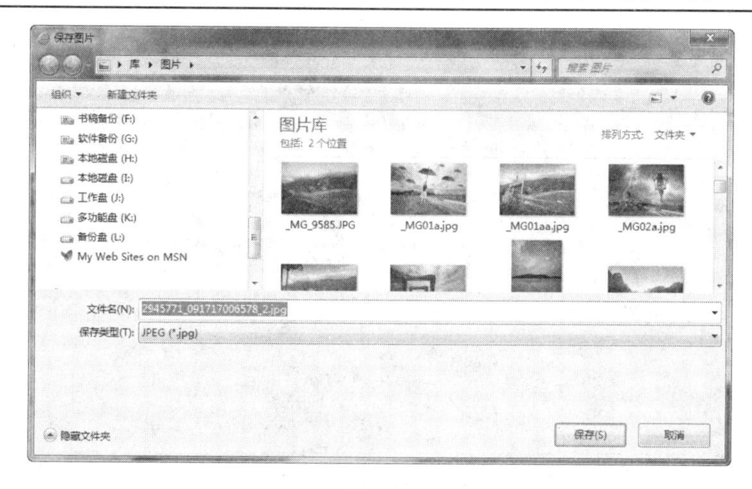

图 2-19

2.2.4 保存整个网页

浏览网页的时候，网页中会有大量的图文信息，如果这些内容非常重要，我们可以将它保存下来。保存整个网页的具体操作步骤如下：

第 1 步 打开要保存的网页。

第 2 步 单击菜单栏中的【文件】/【另存为】命令，如图 2-20 所示。

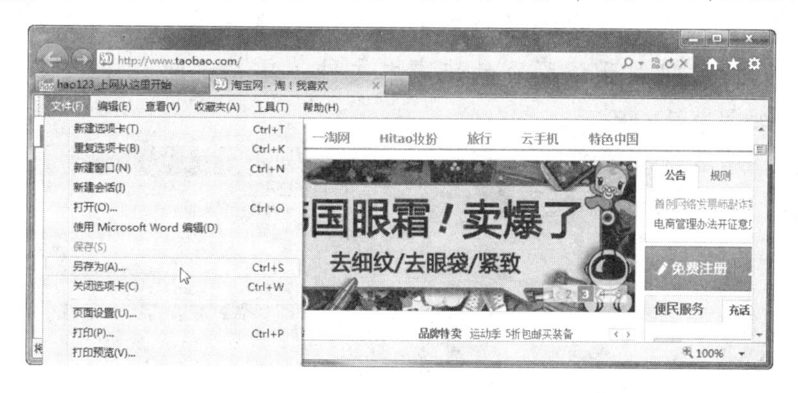

图 2-20

第 3 步 打开【保存网页】对话框，在对话框中设置保存位置、文件名称以及保存类型等选项，单击【保存】按钮，即可完成保存网页的操作，如图 2-21 所示。

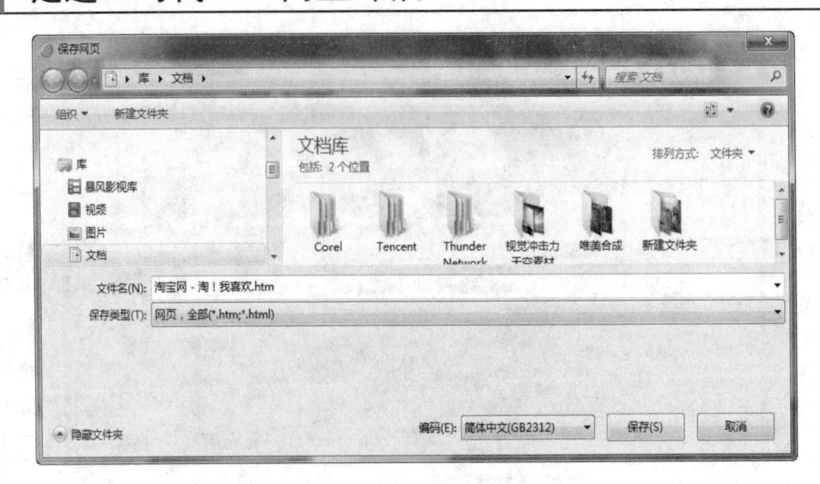

图 2-21

2.2.5 查找并保存网页中的背景音乐

在浏览网页的过程中，经常会遇到网页中自动播放背景音乐的情况，如果觉得背景音乐很好听，则可以通过下面的方法查找背景音乐，并将其保存到电脑中，具体操作步骤如下：

第 1 步 打开一个含有音乐的网页。

第 2 步 单击菜单栏中的【查看】/【源文件】命令，如图 2-22 所示。

第 3 步 这时将打开该网页的记事本文件，单击菜单栏中的【编辑】/【查找】命令，如图 2-23 所示。

图 2-22

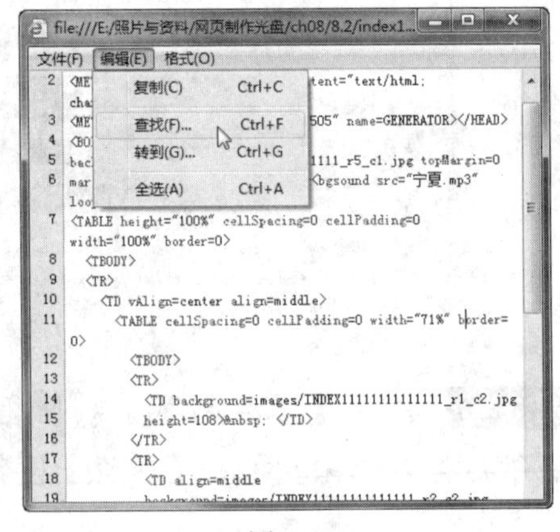

图 2-23

第 4 步 在弹出的【查找】对话框中输入 “bgsound” 或 “embed”，单击【下一个】按钮，则光标定位到查找到的语句上(例如<bgsound src=" 宁夏.mp3 " loop=" -1 " >)，其中的 “bgsound src = ” 后面所指的就是背景音乐的名称，如图 2-24 所示。

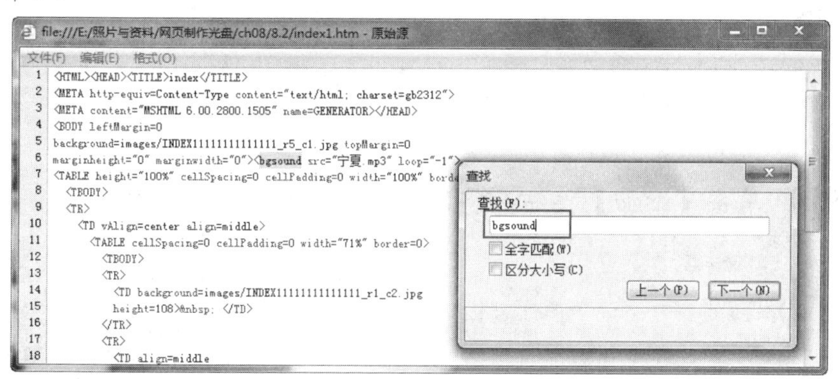

图 2-24

第 5 步 在 “C:\Document and Setting\<用户名>\Local Settings\Temporary Internet Files” 文件夹中搜索这个 “宁夏.mp3” 文件，将它保存起来即可。

2.3 使用收藏夹

收藏夹是 IE 浏览器为用户准备的一个专门存放自己喜爱网页的文件夹。利用收藏夹可以将个人频繁使用的网页地址、新闻组和文件保存起来，以后需要打开该网页时，通过 IE 浏览器的【收藏夹】菜单即可，省去了输入网址的繁琐。

2.3.1 收藏喜欢的网站

将网页地址添加到收藏夹以后，用户不仅可以通过收藏夹直接打开相应的网页，还可以在没有联网的脱机状态下重新显示该网页。将网页添加到收藏夹的操作步骤如下：

第 1 步 打开要收藏的网页。

第 2 步 单击菜单栏中的【收藏夹】/【添加到收藏夹】命令，弹出【添加收藏】对话框，在【名称】文本框中输入一个可以明显表示网页的名称，也可以使用默认名称；在【创建位置】列表中选择网页存储的位置，也可以单击右侧的【新建文件夹】按钮创建一个新文件夹，如图 2-25 所示。

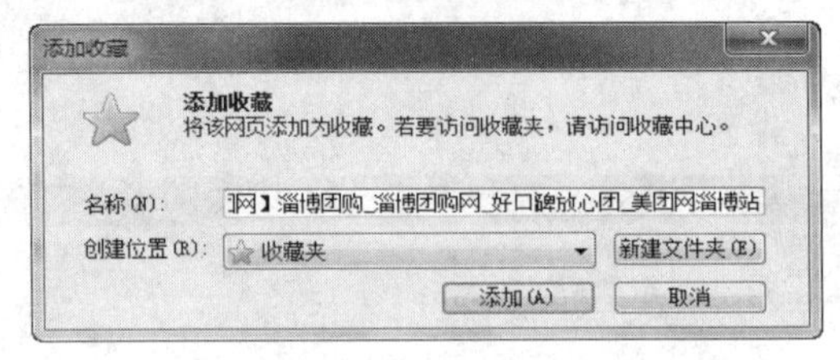

图 2-25

第 3 步 单击【添加】按钮，将网页地址添加到收藏夹中。

智慧锦囊

如果要从收藏夹中删除某个网页名称，可以打开【收藏夹】菜单，在要删除的网页名称上单击鼠标右键，从弹出的快捷菜单中选择【删除】命令，即可将其从收藏夹中删除。

2.3.2 收藏网页的快捷键

如果觉得通过菜单栏中的【添加到收藏夹】命令添加网页比较麻烦，那么可以使用快捷键收藏打开的网页。打开网页后，按下 Ctrl+D 键，将弹出【添加收藏】对话框，这时单击【添加】按钮即可，如图 2-26 所示。

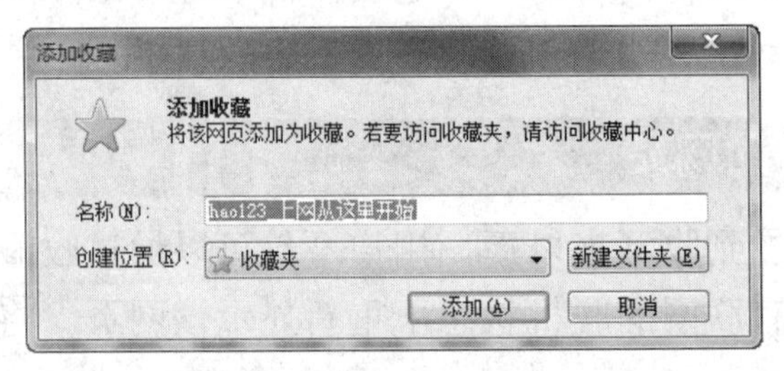

图 2-26

2.3.3 访问收藏夹中的网站

将网页地址添加到收藏夹以后，用户不仅可以通过收藏夹直接打开相应的网页，还可以在没有联网的脱机状态下重新显示该网页。要访问收藏夹中的网站或网页可以通过下面两种方法实现。

(1) 通过【收藏夹】菜单访问：启动 IE 浏览器，然后单击菜单栏中的【收藏夹】命令，在弹出的菜单中选择需要打开的网页或网站即可，如图 2-27 所示。

(2) 通过“收藏中心”访问：启动 IE 浏览器，然后单击地址栏右侧的【查看收藏夹、源和历史记录】按钮★，展开收藏夹列表，这里即是“收藏中心”。在下方的列表中单击需要打开的网页或网站即可，如图 2-28 所示。

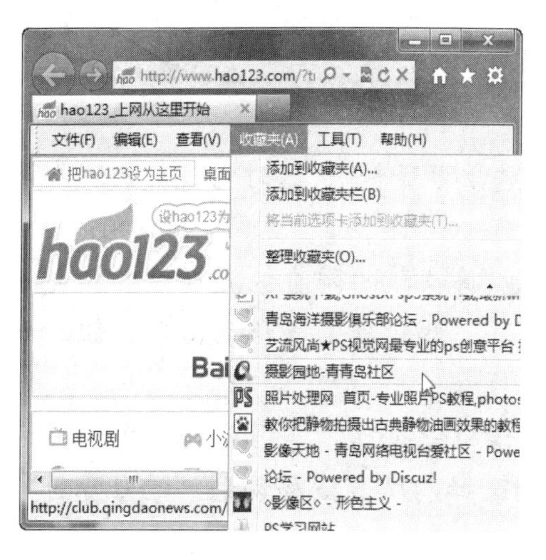

图 2-27

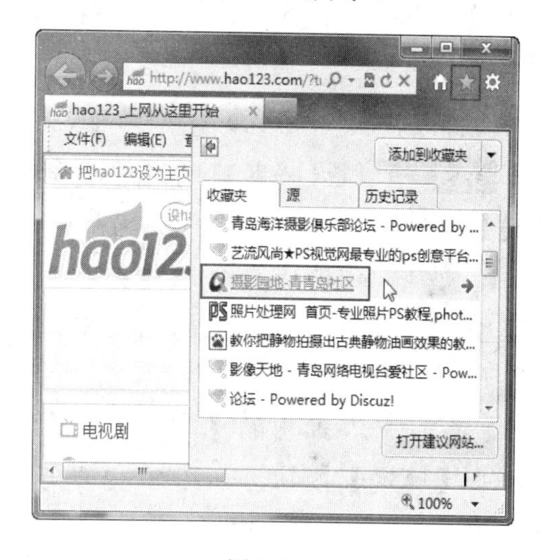

图 2-28

2.3.4 整理收藏夹

通过创建文件夹，对收藏的网页进行分类管理，将相同性质的网页放在同一个文件夹中，这样可以使收藏夹看起来井然有序。新建文件夹并整理网页的操作步骤如下：

第 1 步 启动 IE 浏览器，然后单击菜单栏中的【收藏夹】/【整理收藏夹】命令，如图 2-29 所示。

第 2 步 在弹出的【整理收藏夹】对话框中单击【新建文件夹】按钮，创建一个新的文件夹，在上方的列表框中输入新的文件夹名称即可，如图 2-30 所示。

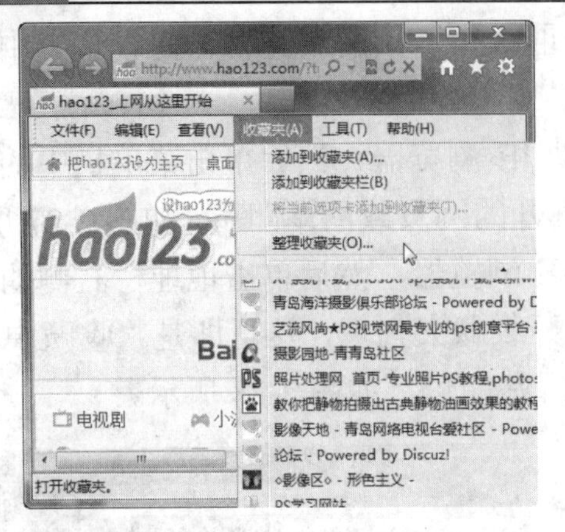

图 2-29

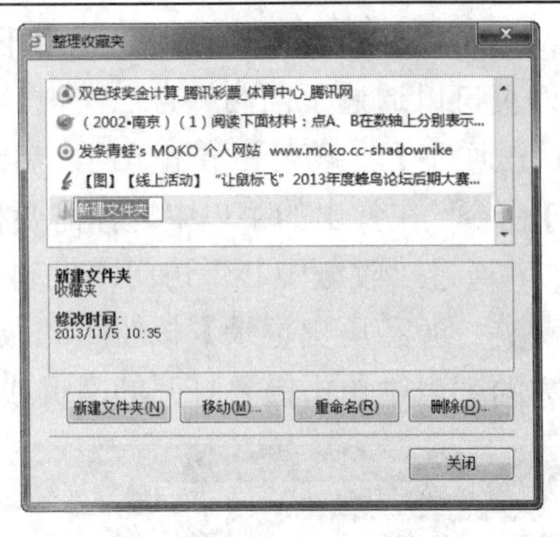

图 2-30

第 3 步 假设将新建的文件夹命名为“学习资料”，这时它就会出现在【收藏夹】菜单中。

第 4 步 创建了一个文件夹以后，可以将收藏的网页放置在该文件夹中。在【整理收藏夹】对话框的列表中选择网页，然后单击【移动...】按钮，如图 2-31 所示。

第 5 步 在弹出的【浏览文件夹】对话框中选择“学习资料”文件夹，然后单击【确定】按钮，如图 2-32 所示，则选择的网页被移动到“学习资料”文件夹中。

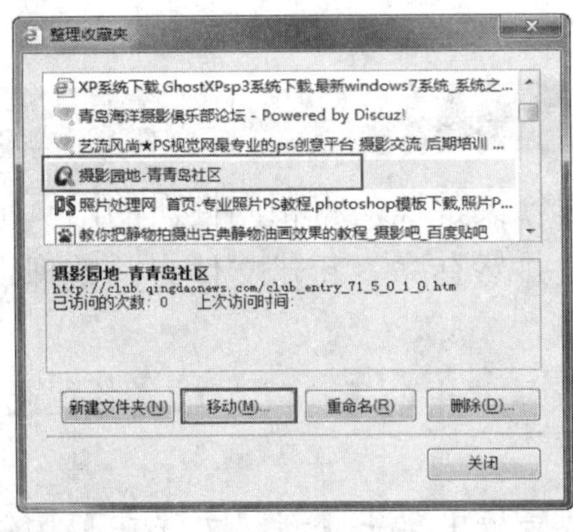

图 2-31

图 2-32

第 6 步 用同样的方法，可以将收藏的其他网页移至该文件夹内，这样，再打开【收藏夹】菜单时就可以看到它们归类了，如图 2-33 所示。

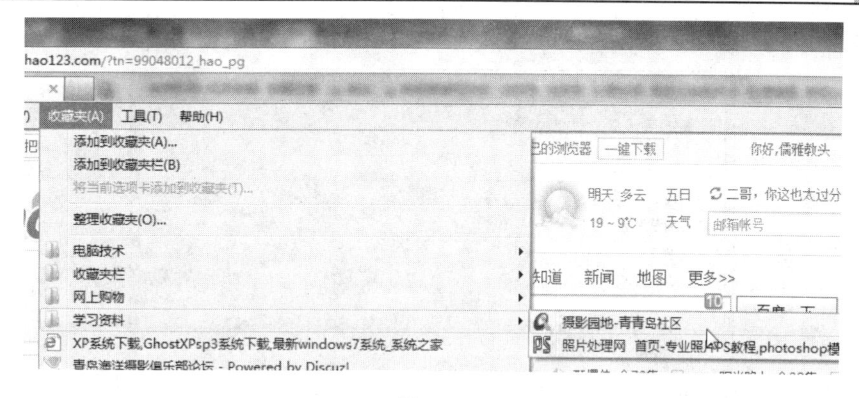

图 2-33

2.3.5 备份收藏夹

为了避免系统出错或重装系统导致收藏夹中的内容丢失，用户可以对收藏夹进行备份，备份收藏夹的具体操作步骤如下：

第 1 步 启动 IE 浏览器，单击菜单栏中的【文件】/【导入和导出】命令，如图 2-34 所示。

第 2 步 在弹出的【导入/导出设置】对话框中选择【导出到文件】选项，然后单击【下一步】按钮，如图 2-35 所示。

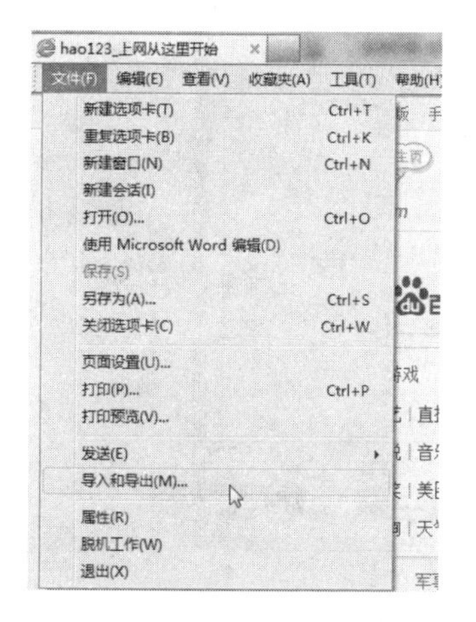

图 2-34

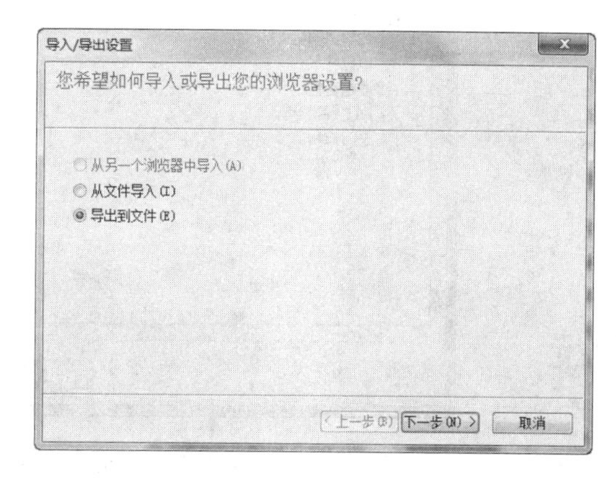

图 2-35

第 3 步 在【导入/导出设置】对话框中提示用户需要导出哪些内容，这时选择【收藏夹】选项，然后单击【下一步】按钮，如图 2-36 所示。

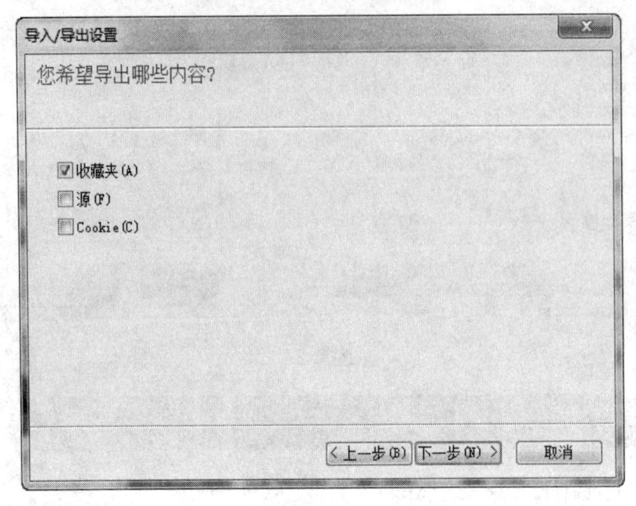

图 2-36

第 4 步 在【导入/导出设置】对话框中选择要导出的文件夹，如果要导出整个收藏夹，则选中根目录，然后单击【下一步】按钮，如图 2-37 所示。

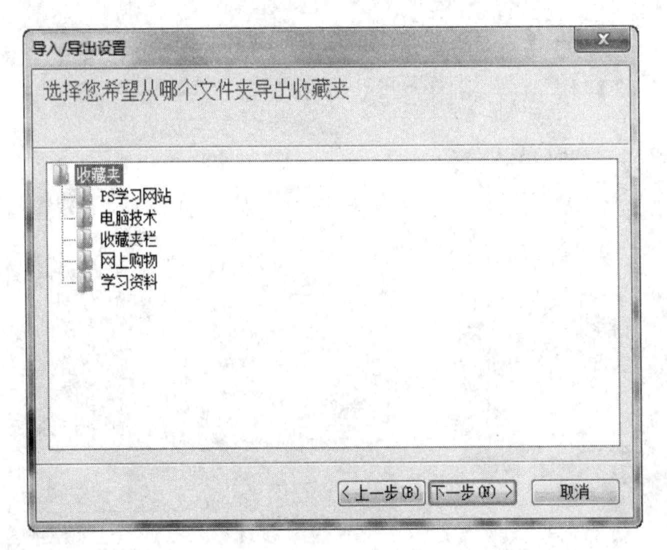

图 2-37

第 5 步 在【导入/导出设置】对话框中单击【浏览】按钮，设置导出的位置，然后再单击【导出】按钮，如图 2-38 所示。

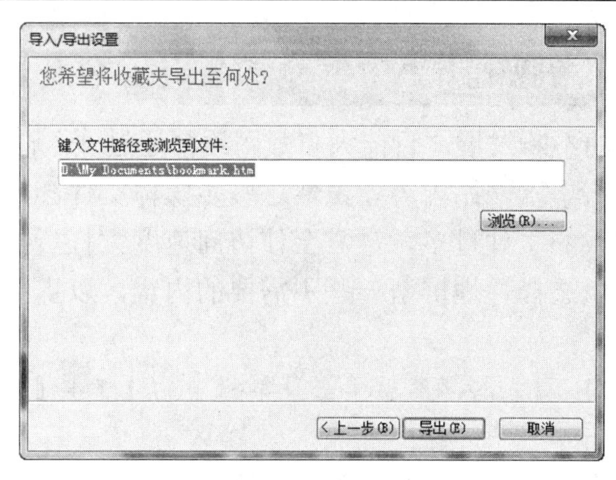

图 2-38

第 6 步 最后在【导入/导出设置】对话框中会提示成功导出，单击【完成】按钮即可，如图 2-39 所示。

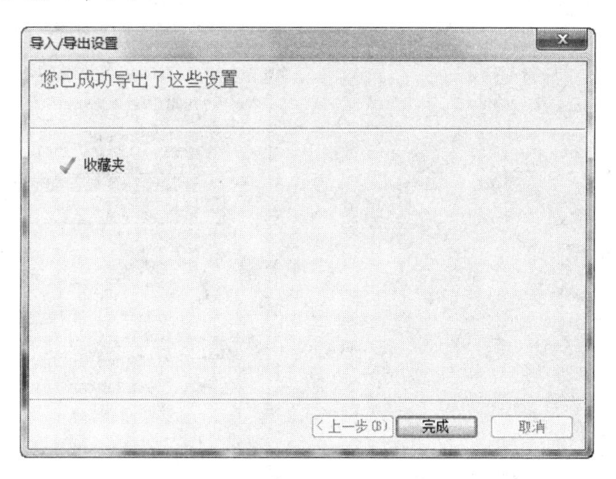

图 2-39

2.4 定制 IE 浏览器

用户不仅可以使用 IE 浏览器，还可以对 IE 浏览器的设置进行修改，使它更符合自己的要求。例如，设置 IE 浏览器的默认主页，打开后自动进入指定的网站；设置安全级别，阻止 IE 浏览器自动弹出窗口等。

2.4.1 提高网页的浏览速度

随着网页技术的不断发展，目前大多数网站都通过加入图片、Flash动画、声音和视频的方式来丰富网站内容。虽然这些多媒体文件会使网站内容更加生动，但由于需要加载的文件过多，常常会使访问速度大打折扣。为了保证浏览网页的流畅性，可以选择性地屏蔽一些不需要的内容，以提高浏览速度，具体操作步骤如下：

第1步 启动IE浏览器，然后单击菜单栏中的【工具】/【Internet选项】命令，如图2-40所示。

第2步 在弹出的【Internet选项】对话框中切换到【高级】选项卡，在【设置】列表的【多媒体】栏中取消不需要的选项，如图2-41所示。

图2-40

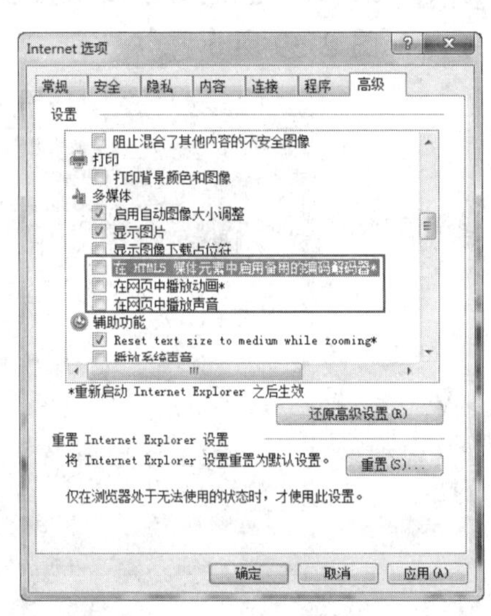

图2-41

第3步 单击【确定】按钮，这样再打开网页时，则不下载动画、音乐、视频等，从而加快了网页的打开速度。

2.4.2 过滤弹出的广告页面

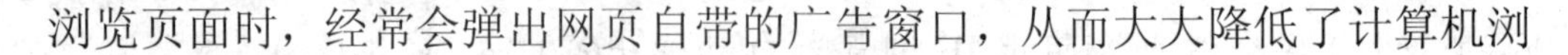

浏览页面时，经常会弹出网页自带的广告窗口，从而大大降低了计算机浏

览网页的速度，有些广告窗口还可能带有病毒或木马。因此，为了更好地浏览网页，确保计算机的安全，有必要对不需要的广告进行过滤。其操作步骤如下：

第 1 步 启动 IE 浏览器，单击菜单栏中的【工具】/【Internet 选项】命令。

第 2 步 在弹出的【Internet 选项】对话框中切换到【隐私】选项卡，选择【启用弹出窗口阻止程序】选项，如图 2-42 所示。

第 3 步 如果不想过滤某个网页，可以单击【设置】按钮，在弹出的【弹出窗口阻止程序设置】对话框中输入允许弹出的网址，然后单击【添加】按钮，再单击【关闭】按钮，如图 2-43 所示。

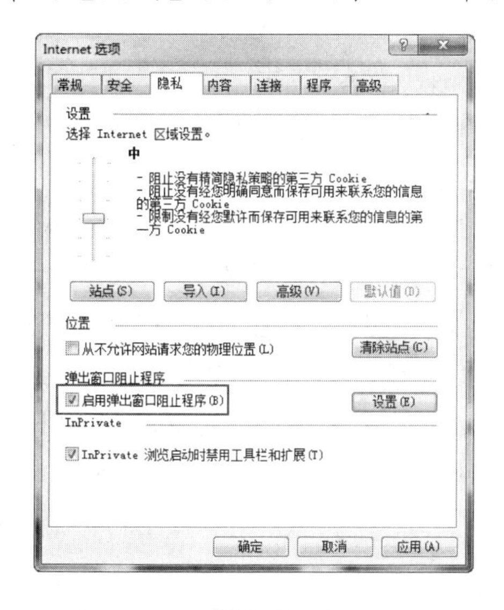

图 2-42

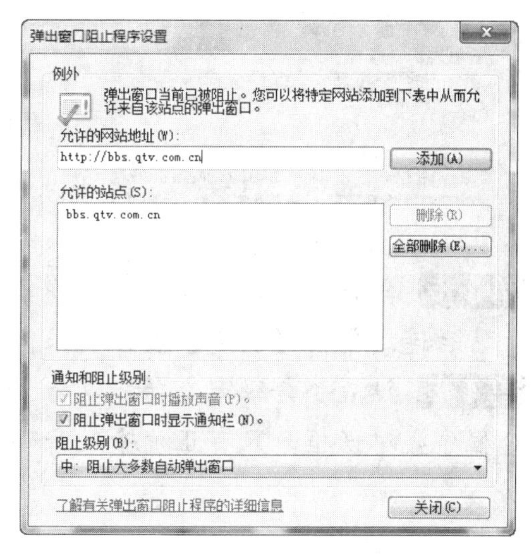

图 2-43

第 4 步 最后在【Internet 选项】对话框中单击【确定】按钮，完成设置。

2.4.3 设置分级审查

IE 浏览器的分级审查功能可以帮助用户指定本机可以查看的网页内容，IE 浏览器在默认情况下并未启用分级审查功能。如果需要启用该功能，具体操作方法如下：

第 1 步 打开【Internet 选项】对话框，切换到【内容】选项卡，单击【启用】按钮，如图 2-44 所示。

第2步 在【内容审查程序】对话框的列表中选择需要设置的审查级别，拖动列表框下方的滑块，调节指定用户可以查看内容的级别，如图2-45所示。

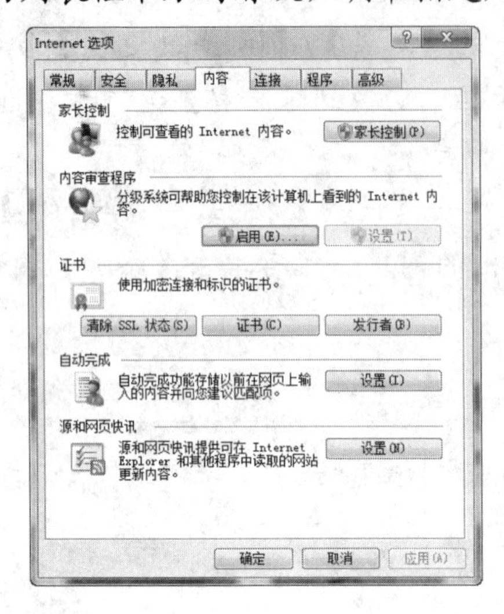

图 2-44

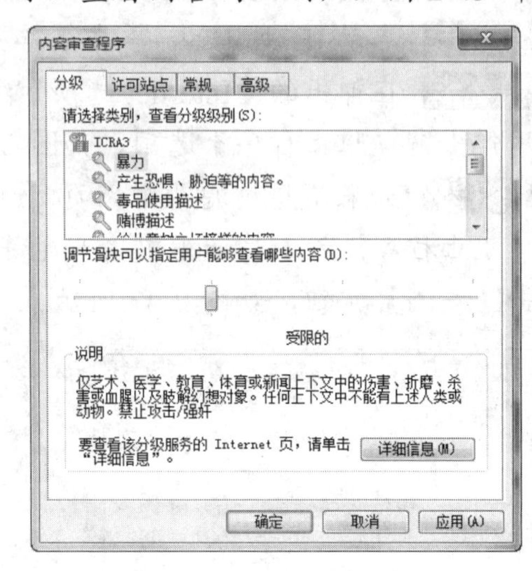

图 2-45

第3步 单击【确定】按钮，在弹出的【创建监护人密码】对话框中输入密码，然后连续单击【确定】按钮，保存设置即可，如图2-46所示。

第4步 设置了分级审查功能以后，在浏览不符合内容的网页时将弹出【内容审查程序】对话框，只有正确输入密码后才能查看该网站的内容，如图2-47所示。

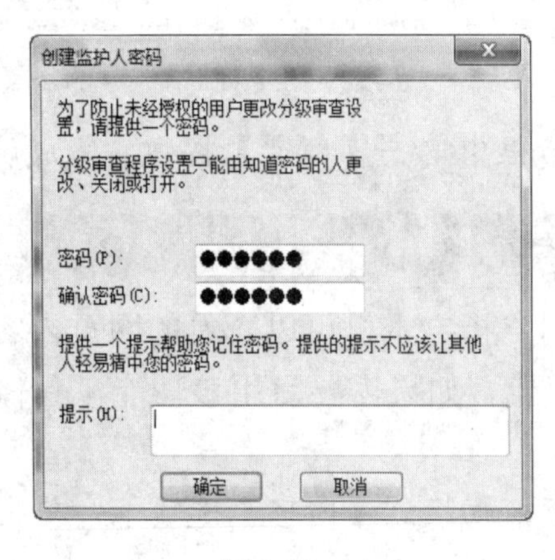

图 2-46

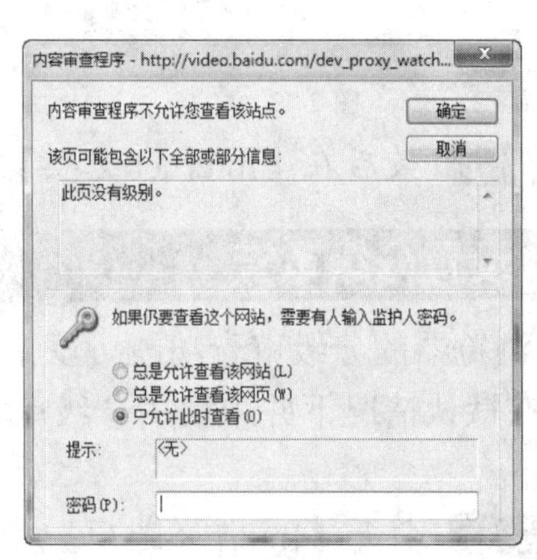

图 2-47

2.4.4 清除 IE 浏览器的使用痕迹

在上网的过程中，IE 浏览器会将下载的部分网页信息存储在本地磁盘的 Internet 临时文件夹中。当使用 IE 浏览器的时间比较长时，其中就会存在大量的历史记录，如临时文件、Cookies、历史记录和表单数据等，如果要对它们进行清理，可以按如下步骤进行操作：

第 1 步 启动 IE 浏览器，单击菜单栏中的【工具】/【Internet 选项】命令。

第 2 步 在弹出的【Internet 选项】对话框中切换到【常规】选项卡，这时可以看到有五组选项，如图 2-48 所示。

第 3 步 在【浏览历史记录】选项组中单击【删除】按钮，在弹出的【删除浏览的历史记录】对话框中选择要删除的选项，如图 2-49 所示。

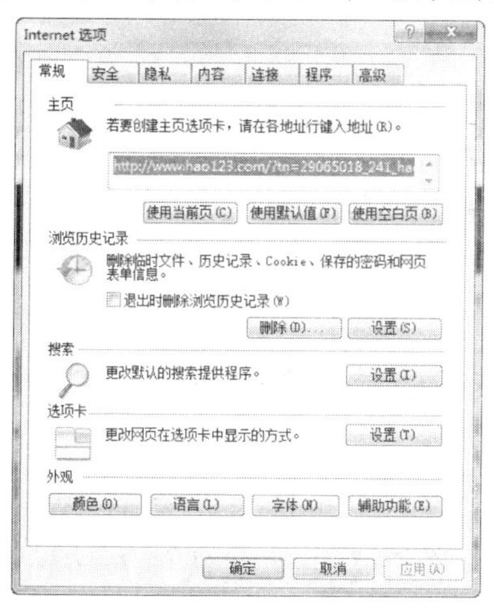

图 2-48

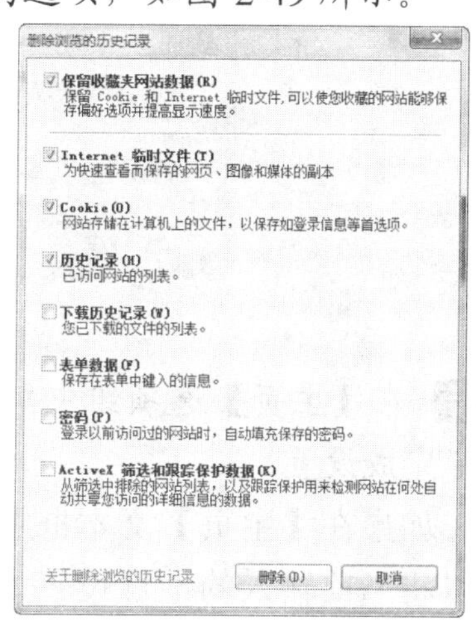

图 2-49

第 4 步 单击【删除】按钮，返回【Internet 选项】对话框，最后单击【确定】按钮确认操作即可。

2.4.5 设置 IE 浏览器的默认主页

使用 IE 浏览器查看网页信息时，可以根据需要更改 IE 浏览器的设置，例如，将经常查看的网页设置为主页，一旦启动 IE 浏览器，就会自动打开该网页。假设我们要将新浪网站的首页设置为主页，操作步骤如下：

第1步 在浏览器地址栏中输入 www.sina.com.cn，按下回车键，进入新浪网站的首页。

第2步 单击菜单栏中的【工具】/【Internet 选项】命令，在弹出的【Internet 选项】对话框中切换到【常规】选项卡，如图 2-50 所示。

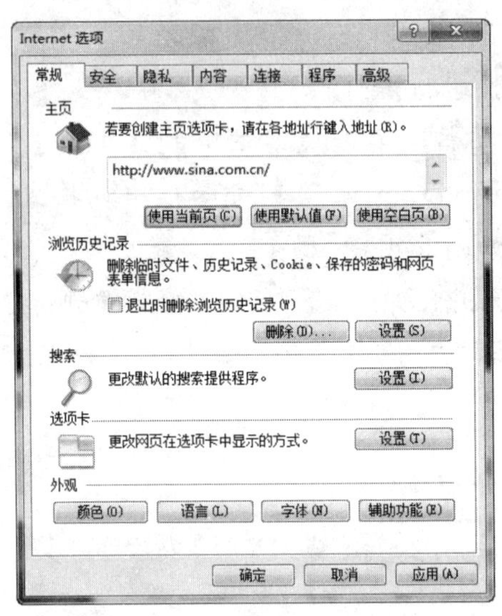

图 2-50

第3步 在【主页】选项组中单击【使用当前页】按钮，并单击【确定】按钮，即可完成设置。

另外，如果在【主页】文本框中输入相应的主页地址，然后单击【确定】按钮，可以将当前输入的地址设置为主页；单击【使用默认值】按钮，可以使用浏览器生产商 Microsoft 公司的首页作为主页；单击【使用空白页】按钮，系统将设置一个不含任何内容的空白页为主页，即 about:blank，这时启动 IE 浏览器将不打开任何网页。

第 3 章　快速搜索网络资源

内容导读

本章主要介绍了搜索引擎的使用方法与技巧，让用户快速、有效地找到自己需要的信息。Internet 是一个信息的海洋，要在其中找到自己需要的信息不是一件容易的事情，所以本章讲解了使用百度与 Google 搜索各种信息的方法与技巧，让读者面对 Internet 不再迷惘，能够轻松自如地查找到有效资源与信息。

本章要点

- 了解搜索引擎
- 使用百度搜索
- 使用 Google 搜索
- 网络导航

3.1 了解搜索引擎

网上资源很多，要在浩瀚的知识海洋中找到自己需要的信息不是一件容易的事情，所以一定要掌握搜索信息的技巧。在网络上，提供搜索功能的网站非常多，如百度、搜狗等。另外有一些门户网站也提供了搜索功能，如新浪、网易、搜狐、腾讯等。利用这些网站都可以搜索到我们需要的信息。

3.1.1 什么是搜索引擎

搜索引擎(Search Engine)是为用户提供检索服务的系统，它根据一定的策略，运用特定的计算机程序搜集互联网上的信息，并对信息进行组织和处理，将处理后的结果显示给用户。通俗地理解，搜索引擎就是一个网站，但它专门为网民们提供信息检索服务。搜索引擎的工作过程分为三个方面。

第一，抓取网页。每个搜索引擎都有自己的网页抓取程序，通常称为“蜘蛛”(Spider)程序、“爬虫”(Crawler)程序或“机器人”(Robot)程序，这三种称法意义相同，作用是顺着网页中的超链接连续抓取网页，被抓取的网页称之为网页快照。

第二，处理网页。搜索引擎抓取网页以后，需要进行一系列处理工作，例如，提取关键字、建立索引文件、删除重复网页、判断网页类型、分析超链接等，最后送至网页数据库。

第三，提供检索服务。当用户输入关键字进行检索时，搜索引擎将从网页数据库中找到匹配的网页并以列表的形式罗列出来，供用户查看。

3.1.2 搜索引擎的基本类型

按照搜索引擎的工作方式划分，可以将搜索引擎分为四种基本类型，分别是全文索引、目录索引、元搜索引擎和垂直搜索引擎。

1. 全文索引

全文索引是名副其实的搜索引擎，国外代表有Google，国内则有著名的百度搜索。它们从互联网提取各个网站的信息并建立网页数据库，然后从数据库中检索与用户查询条件相匹配的记录，并按一定的排列顺序返回结果。全文索引分为两类：一类拥有自己的网页抓取、索引与检索系统，如 Google 和百度；另一类则是租用其他搜索引擎的数据库。

2. 目录索引

目录索引虽然有搜索功能，但严格意义上不能称为真正的搜索引擎。它将网站链接按照不同的分类标准进行分类，然后以目录列表的形式提供给用户，用户不需要依靠关键字来查询，按照分类目录就可以找到所需要的信息。

目录索引中最具代表性的网站就是 Yahoo，另外，国内的新浪、网易也属于这一类。它们将互联网中的信息资源按照一定的规则整理成目录，用户逐级浏览就可以找到自己所需要的内容。

3. 元搜索引擎

元搜索引擎又称多搜索引擎，它是一种对多个搜索引擎的搜索结果进行重新汇集、筛选、删并等优化处理的搜索引擎。“元”为总的、超越之意，元搜索引擎就是对多个独立搜索引擎的整合、调用、控制和优化利用。元搜索的最大特点是没有独立的网页数据库。

4. 垂直搜索引擎

垂直搜索引擎专注于特定的搜索领域和搜索需求，如机票搜索、旅游搜索、生活搜索、小说搜索等。垂直搜索引擎是针对某一个行业的专业搜索引擎，是通用搜索引擎的细分和延伸，它对网页数据库中的某类信息进行整合，抽取出需要的数据进行处理并返回给用户。

3.1.3 搜索引擎的基本法则

通过搜索引擎来查找自己想要的网址或信息是最快捷的方法，因此掌握基本的搜索语法及使用方法是十分必要的。在使用关键字实现搜索的过程中，主要运用好以下几个法则即可，它们分别是 AND(与)、OR(或)、NOT(非)。

1. 逻辑“与”的关系

逻辑“与”表示求交集，例如“青年&教师”。使用搜索引擎填写关键字时，可以使用空格、逗号、加号和&表示“与”的关系，例如要搜索西安电子科技大学出版社的单片机方面的图书，可以输入关键字“西安电子科技大学出版社，单片机”，这样就可以得到两个关键字的交集，只有同时满足这两个条件的内容才被罗列出来。

2. 逻辑“或”的关系

逻辑“或”表示求并集，例如“教授|高工”。在搜索引擎中填写关键字时，可以使用字符|表示“或”的关系，例如要搜索“张学友”或者“刘德华”的信息，可以输入关键字“张学友|刘德华”，这样就可以得到两个关键字的并集，满足任何一个条件的内容都会被罗列出来。

3. 逻辑“非”的关系

逻辑“非”表示排除关系，在搜索引擎中填写关键字时，使用减号表示“非”的关系，例如要搜索“Photoshop 教程”，但不包括“英文”的信息，可以输入关键字“Photoshop 教程 -英文”，这里的“-”必须是英文字符，并且前面必须留有一个空格。

3.1.4 确定关键字的原则

搜索网络信息时，关键字的选择非常重要，它直接影响到我们的搜索结果。关键字的选择要准确、有代表性、符合搜索的主题。确定关键字时可以参照以下四个原则。

1. 提炼要准确

提炼查询关键字的时候一定要准确，如果查询的关键字不准确，就会搜索出大量的无关信息，与自己要查询的内容毫不相关。

2. 切忌使用错别字

在搜索引擎中输入关键字时，最好不要出现错别字，特别是使用拼音输入法时，要确保输入关键字的正确性。如果关键字中使用了错别字，则会大大降低搜索的效率，致使返回的信息量变少，甚至搜索到错误信息。

3. 不要使用口语化语言

我们的日常交流主要运用口语，但是在网络上搜索信息时，要尽可能避免使用口语作为关键字，否则可能得不到想要的结果。

4. 使用多个关键字

搜索信息时要学会运用搜索法则，运用多个关键字来缩小搜索范围，这样更容易得到结果。

3.2 使用百度搜索

百度是全球最大的中文搜索引擎，它拥有最大的中文网页库，并且还为用户提供了分类搜索功能，其网址为 http://www.baidu.com。下面介绍如何使用百度搜索相关的网络信息。

3.2.1 搜索相关网页

百度完全支持中文关键字搜索，几乎可以搜索到互联网上的任何信息。假设我们要搜索“北京房价”的相关信息，具体操作步骤如下：

第 1 步 启动 IE 游览器，然后打开百度(http://www.baidu.com)首页，如图 3-1 所示。

第 2 步 在页面中间的搜索框中输入要搜索的关键字，如“北京房价”，然后单击【百度一下】按钮或回车确认，如图 3-2 所示。

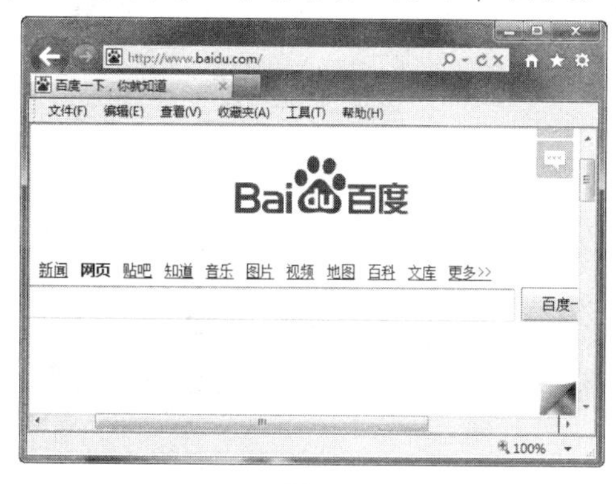

图 3-1

图 3-2

第3步 执行搜索以后，与“北京房价”相关的网页就会以列表的形式出现在网页中，如图3-3所示。

第4步 在网页中单击文字超链接，就可以查看相关的信息，如图3-4所示。但并不是所有的信息都是有价值的，还需要根据个人情况进行甄别。

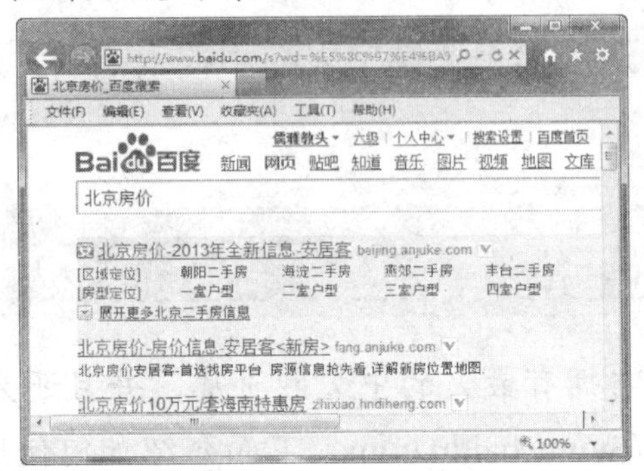

图3-3

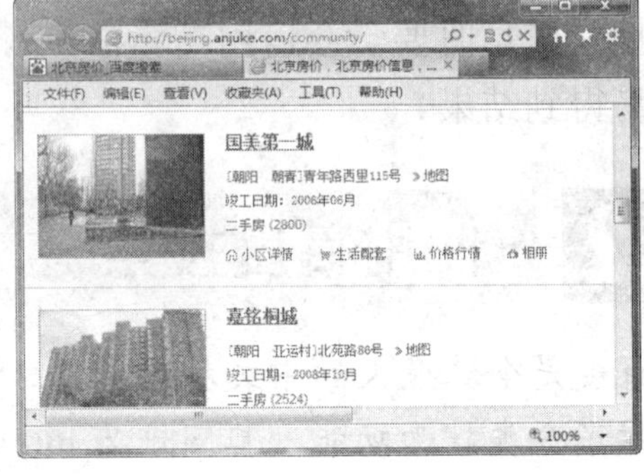

图3-4

3.2.2 搜索好看的图片

为了更加准确地搜索信息资源，百度提供了分类搜索功能，例如网页、图片、视频等。如果要搜索好看的图片，可以按如下步骤进行操作：

第1步 首先打开百度首页，单击搜索框上方的【图片】超链接，如图3-5所示。

第2步 进入百度图片搜索页面，在搜索框中输入图片的关键字，如“青岛风光”，然后单击【百度一下】按钮或回车确认，如图3-6所示。

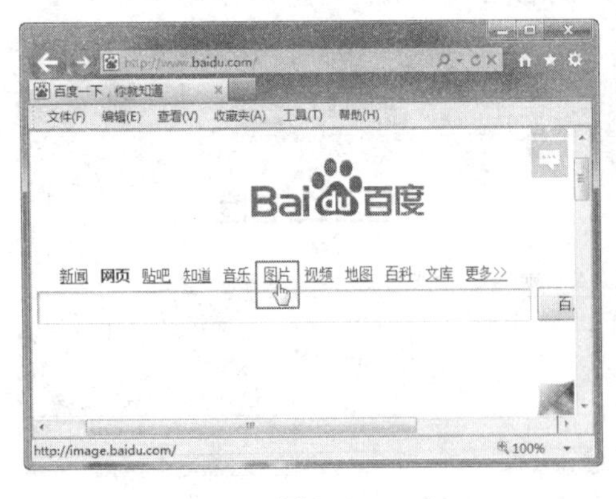

图3-5

图3-6

第 3 步 执行搜索以后，网页中将显示搜索到的所有相关图片，如图 3-7 所示。

第 4 步 单击要查看的图片，可以在打开的网页中看到较大的图片，如图 3-8 所示。

图 3-7

图 3-8

3.2.3 搜索喜欢的音乐

百度的音乐搜索引擎能让用户方便、快捷地找到歌曲。搜索到音乐以后，既可以在线试听，也可以下载到本地电脑中。搜索并下载音乐的操作步骤如下：

第 1 步 打开百度首页，在页面中单击【音乐】超链接，如图 3-9 所示。

第 2 步 进入百度音乐搜索页面，在页面的搜索框中输入喜欢的歌曲名，如“上海滩”，然后单击【百度一下】按钮或回车确认，如图 3-10 所示。

图 3-9

图 3-10

第3步 执行搜索后，页面中将显示符合要求的所有音乐，如图3-11所示。

第4步 在页面中单击“上海滩”歌曲名称，在打开的页面中单击【播放】按钮，可以播放歌曲；单击【下载】按钮可以下载歌曲，如图3-12所示。

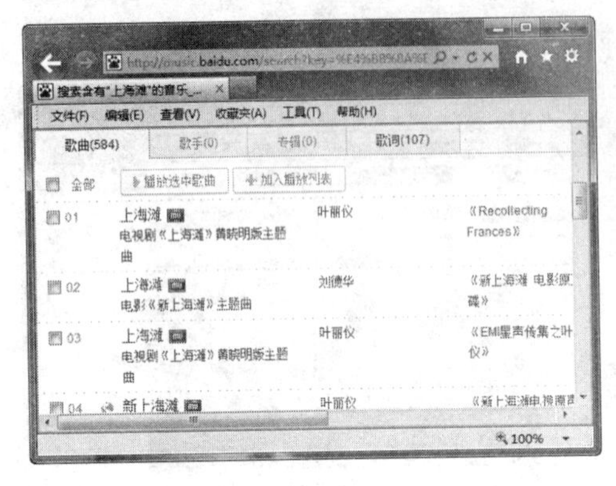

图3-11

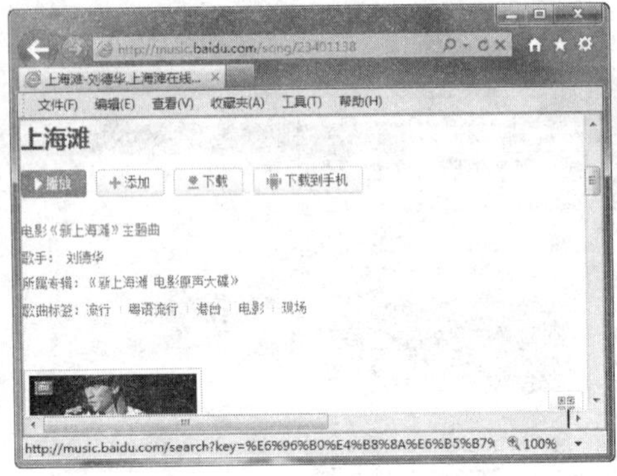

图3-12

3.2.4 搜索视频信息

百度视频是全球最大的中文视频搜索引擎，用户可以在百度中快速查询到网络上最热门的视频。搜索视频的具体操作步骤如下：

第1步 打开百度主页，在页面中单击【视频】超链接，如图3-13所示。

第2步 进入百度视频搜索页面，在该页面中可以直接浏览热门的视频信息。如果要搜索自己需要的视频，可以在页面的搜索框中输入关键字，如“烦人的橙子”，然后单击【百度一下】按钮或回车确认，如图3-14所示。

图3-13

图3-14

第 3 步 执行搜索后出现搜索结果，显示了含有关键字“烦人的橙子”的所有视频片段，如图 3-15 所示。

第 4 步 单击某一个视频片段的缩览图，则会跳转到相应的视频网站并播放该视频，如图 3-16 所示。

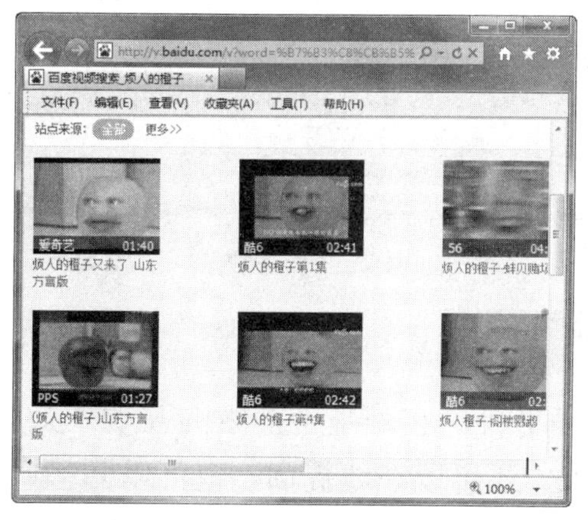

图 3-15

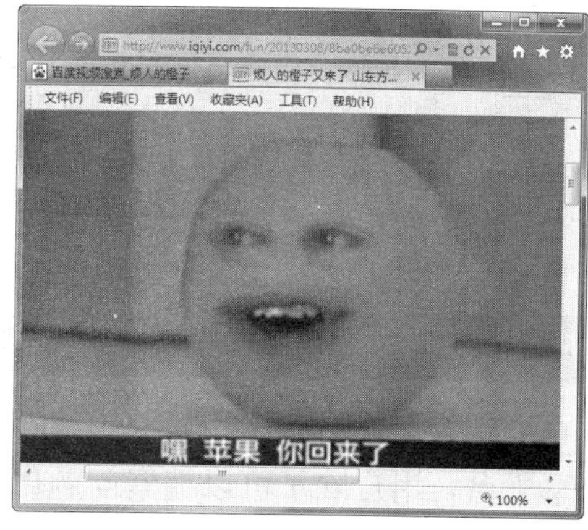

图 3-16

3.2.5 使用百度快照

使用百度搜索引擎搜索信息时，在搜索结果的网页摘要下方会看到一个百度快照的链接。

所谓百度快照是指百度搜索引擎所收录的网页备份，它是纯文本的备份，对于图片和音乐等非文本信息，百度快照直接从原网页中调用。百度快照的服务稳定，下载速度极快，不受死链接或网络堵塞的影响，因此，通过百度快照寻找资料要比通过常规链接的速度快得多。

百度快照的意义在于：如果无法打开某个搜索结果，百度快照可以救急，提供纯文本信息。如果需要使用百度快照，可以通过下面的方法实现：

第 1 步 打开百度首页，在搜索框中输入要搜索的关键字，然后单击【百度一下】按钮，如图 3-17 所示。

第 2 步 在搜索结果页面中需要查看某个结果，单击搜索结果摘要下方的【百度快照】链接，如图 3-18 所示，即可打开快照页面，看到所需要的文本信息。

图 3-17

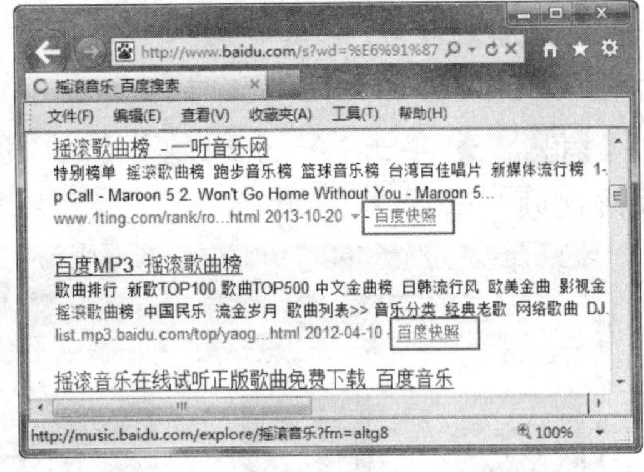

图 3-18

3.2.6 使用百度知道

百度知道是全球最大的中文互动问答平台。它是基于搜索的互动式知识回答分享平台，用户除了可以搜索问题以外，还可以在线提问，也可以回答问题。假设我们不会计算“1+2+3+…+99+100”的值，则可以去百度知道中搜索一下，其具体操作步骤如下：

第 1 步 首先打开百度主页，单击搜索框上方的【知道】超链接，如图 3-19 所示。

第 2 步 进入百度知道页面，在搜索框中输入问题的关键字，这里可以直接输入“1+2+3+……+99+100”，然后单击【搜索答案】按钮或按下回车键，如图 3-20 所示。

图 3-19

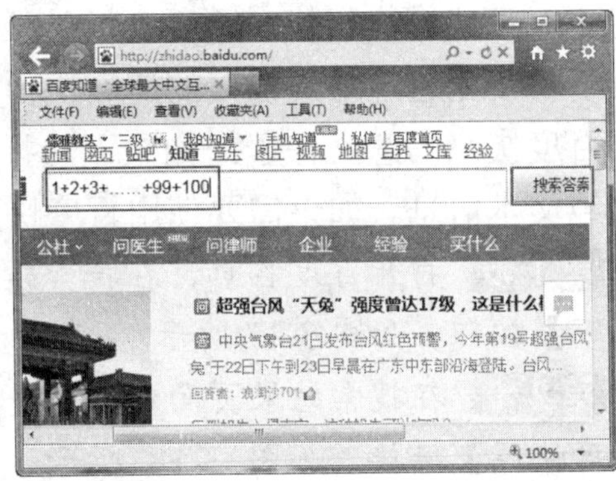

图 3-20

第 3 步 执行搜索答案以后，页面中将显示搜索结果，如图 3-21 所示。

第 4 步 在搜索结果中选择感兴趣的答案，单击文字超链接，可以看到别人给出的答案，如图 3-22 所示。

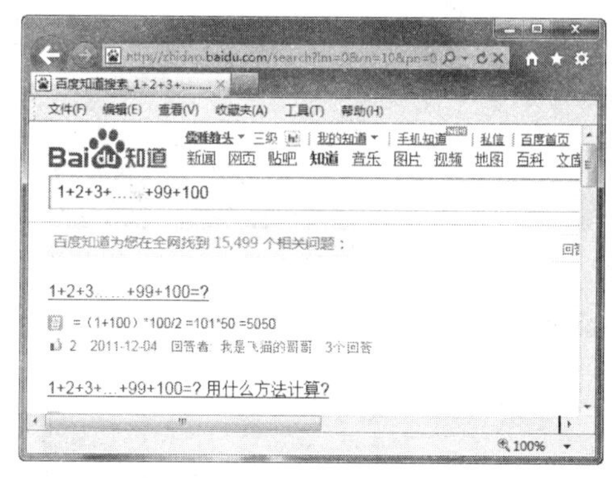

图 3-21

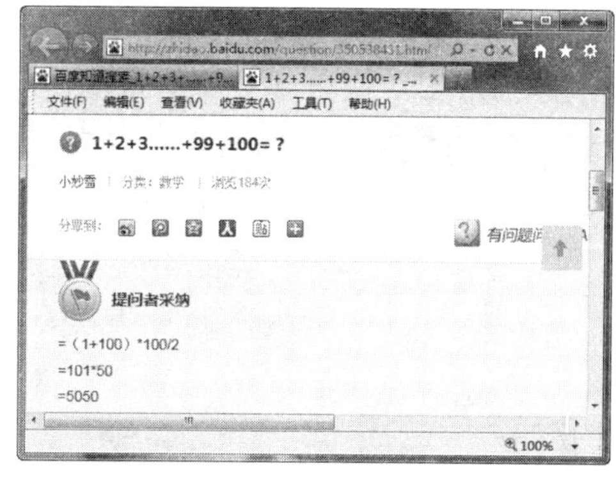

图 3-22

3.2.7 使用百度地图

百度地图是百度搜索引擎提供的一项网络地图服务，覆盖了全国近 400 个城市、数千个区县。在百度地图里，用户可以查询街道、商场、楼盘的地理位置，并且可以方便地查找驾乘路线。使用百度地图的操作步骤如下：

第 1 步 打开百度主页，在页面中单击【地图】超链接，如图 3-23 所示。

第 2 步 在打开的百度地图中，一般会自动显示用户所在的城市，如果不是，可以单击城市右侧的小箭头，在打开的列表中选择城市，如图 3-24 所示。

图 3-23

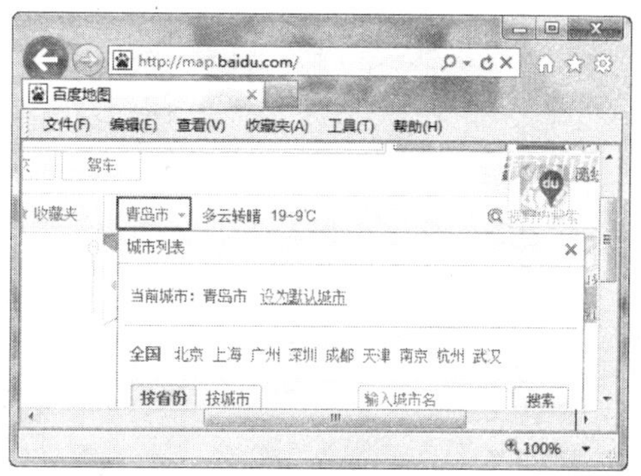

图 3-24

第3步 在打开的电子地图中可以查找地点，并且可以对地图进行缩放，一直到街道级别，如图3-25所示。

第4步 如果要快速查询某地点，可以在搜索框中输入要查找的地点，如“中国海洋大学崂山校区”，然后单击【百度一下】按钮，则相关的信息将显示在地图中，并且左侧出现列表，如图3-26所示。

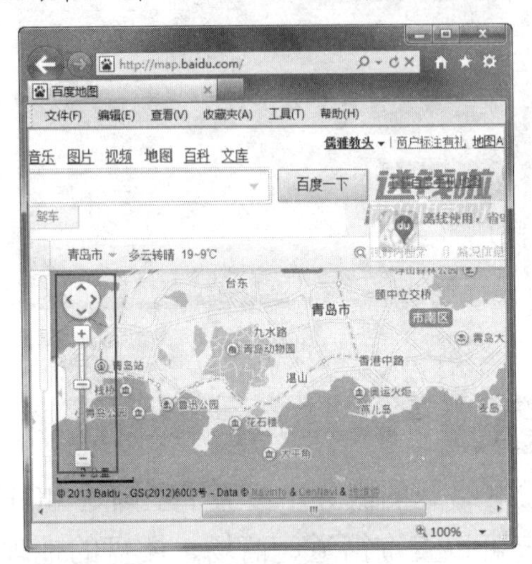

图 3-25

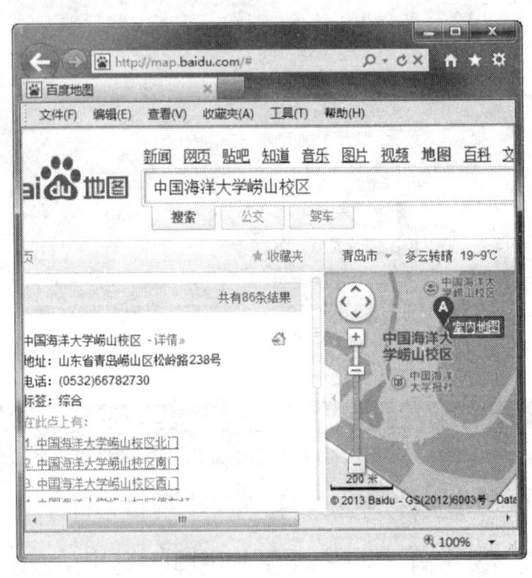

图 3-26

第5步 如果要查询驾乘路线，可以在搜索框的下方单击【公交】或【驾车】超链接，例如单击【驾车】超链接，在搜索框中输入出发地点与目的地点，如图3-27所示。

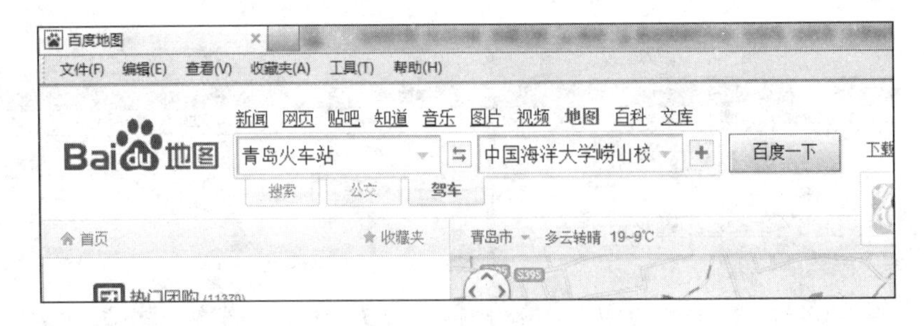

图 3-27

第6步 单击【百度一下】按钮，这时地图中将出现最佳行驶路线，如图3-28所示。

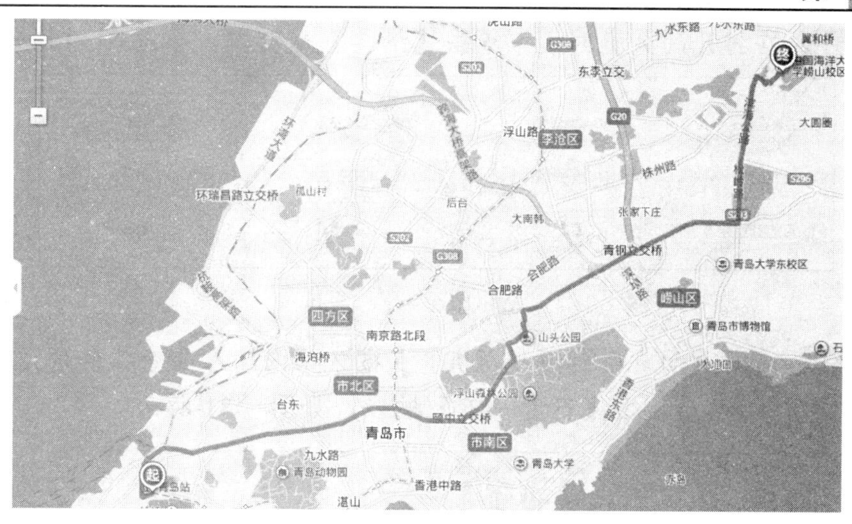

图 3-28

智慧锦囊

使用百度地图，不仅可以查到指定的省、市、地区、街道，还可以查到学校、餐馆、银行等具体的单位，而且还可以查找公交线路、驾乘路线、甚至本地区的天气情况、打车费用等，十分方便。

3.2.8 使用百度词典

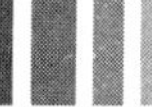

百度词典支持全面的英汉词典、汉英词典、汉语字典、成语词典等功能。它的使用方法很简单，只需在搜索框内输入词语，然后按下回车键即可得到想要查询的内容。其具体操作步骤如下：

第 1 步 打开百度主页，在页面中单击【更多】超链接，如图 3-29 所示。

图 3-29

第 2 步 在打开的分类列表中单击【词典】超链接，如图 3-30 所示。

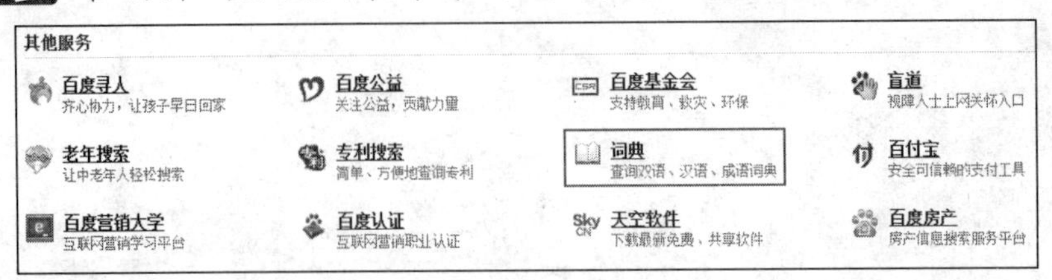

图 3-30

第 3 步 这时页面跳转到百度词典，在搜索框内输入要查找的词语或单词，如“不明觉厉”，然后单击【百度一下】按钮，如图 3-31 所示。

图 3-31

第 4 步 在打开的查询结果页面中，可以查看词语或单词的详细解释信息，如图 3-32 所示。

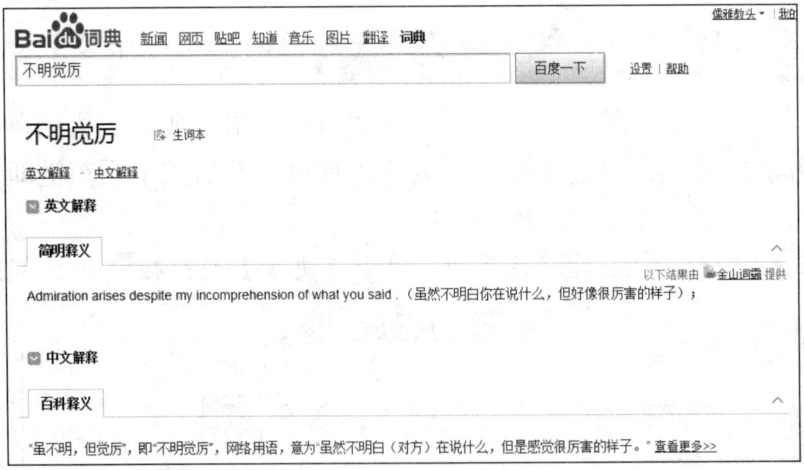

图 3-32

3.2.9 查询天气

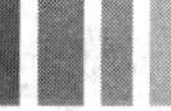

使用百度搜索引擎不仅可以搜索文字、图片、新闻以及视频等信息，还可以搜索到贴近生活的信息，如天气预报。如果要查询某地区的天气情况，可以按如下步骤进行操作：

第 1 步 打开百度主页，在搜索框内输入关键字，例如“青岛天气”，然后单击【百度一下】按钮，如图 3-33 所示。

图 3-33

第 2 步 在出现的搜索结果页面中将显示最近四天的天气情况，如图 3-34 所示。

图 3-34

第 3 步 如果要查看更详细的信息，可以单击网页链接，进入中国天气网，查看更多、更详细的天气信息，如图 3-35 所示。

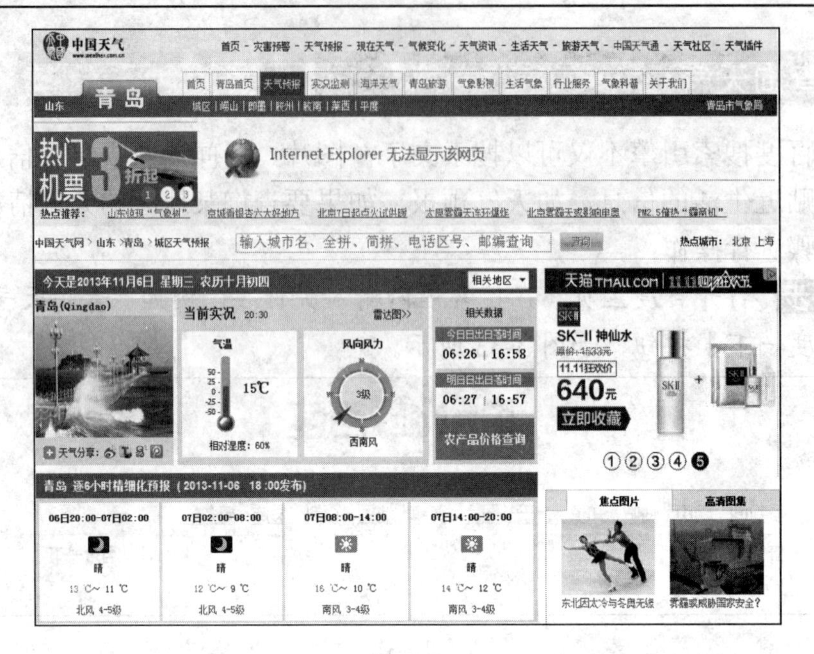

图 3-35

3.2.10 查询火车车次

百度提供了很多搜索功能，用户可以根据需要进行多种查询，例如飞机航班、火车车次、酒店查询等，这里介绍如何查询火车车次，操作步骤如下：

第 1 步 打开百度主页，在搜索框内输入关键字“火车车次”，然后单击【百度一下】按钮，结果如图 3-36 所示。

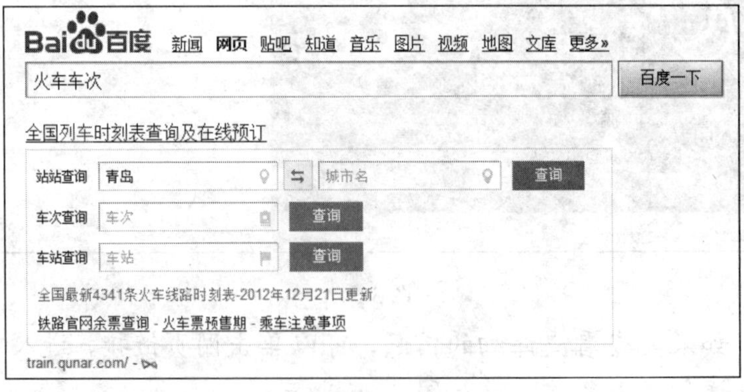

Baidu百度 新闻 网页 贴吧 知道 音乐 图片 视频 地图 文库 更多»
火车车次 百度一下
全国列车时刻表查询及在线预订
站站查询 青岛 城市名 查询
车次查询 车次 查询
车站查询 车站 查询
全国最新4341条火车线路时刻表-2012年12月21日更新
铁路官网余票查询 - 火车票预售期 - 乘车注意事项
train.qunar.com/ -

图 3-36

第 2 步 在页面的“站站搜索”中分别输入车站名称，如青岛至北京，然后单击【搜索】按钮，在打开的网页中即可查看指定线路的车次信息，如图 3-37 所示。

图 3-37

3.3 使用 Google 搜索

Google 的中文名为谷歌，是全球著名的搜索引擎之一，也是全球最大的搜索引擎。通过它用户可以访问超过 80 亿个网址的索引，是一个简单、快捷、易用的搜索引擎，其网址是 http://www.google.com。使用 Google 搜索引擎，用户可以在瞬间得到相关的搜索结果，还可以搜索购物信息、地图等。

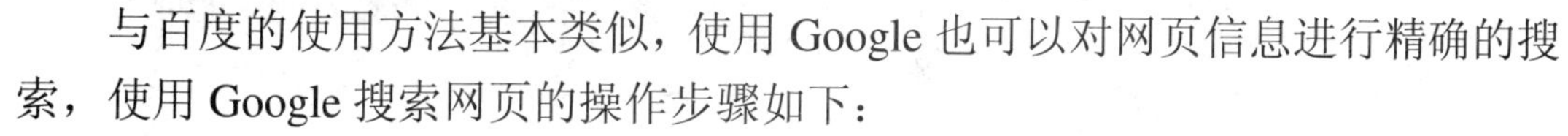

3.3.1 搜索网页信息

与百度的使用方法基本类似，使用 Google 也可以对网页信息进行精确的搜索，使用 Google 搜索网页的操作步骤如下：

第 1 步 首先打开 Google 首页(网址为 http://www.google.com.hk/)，如图

3-38 所示。

第 2 步 在页面中间的搜索框中输入要搜索的关键字，如“西安电子科技大学”，然后单击【Google 搜索】按钮或回车确认，如图 3-39 所示。

图 3-38

图 3-39

第 3 步 执行搜索以后，就会出现与“西安电子科技大学”相关的网页列表，如图 3-40 所示。

第 4 步 在网页中单击文字超链接，就可以查看相关的信息，例如单击“西安电子科技大学”，则出现的网页如图 3-41 所示。

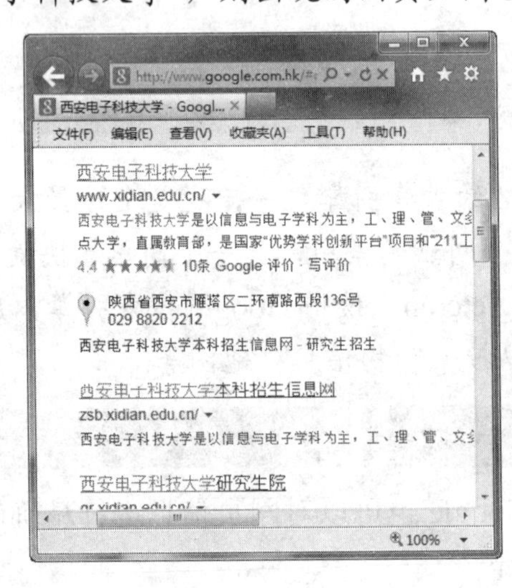

图 3-40

图 3-41

3.3.2 搜索图片

前面我们介绍了使用百度搜索图片的方法，其实使用 Google 搜索图片的方法与百度基本相同，其具体操作步骤如下：

第 1 步 打开 Google 首页，单击页面左上方的【图片】超链接，如图 3-42 所示。

第 2 步 在搜索框中输入图片的关键字，如“青岛风光”，然后单击【搜索】按钮或回车确认，如图 3-43 所示。

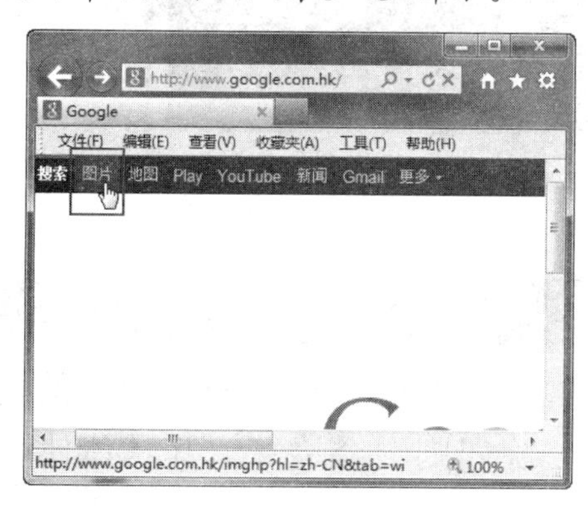

图 3-42

图 3-43

第 3 步 执行搜索以后，网页中将显示搜索到的相关图片，如图 3-44 所示。

图 3-44

第 4 步 单击要查看的图片，可以在打开的网页中看到较大的图片，如图 3-45 所示。

图 3-45

3.3.3 充当临时计算器

Google 向用户提供了一个非常有趣的功能，即使用 Google 首页中的搜索框充当临时计算器，进行一些加、减、乘、除四则混合运算。其具体使用方法如下：

第 1 步 打开 Google 首页，在搜索框中输入要计算的数据，如“89*2/3+16”，然后单击【Google 搜索】按钮，如图 3-46 所示。

图 3-46

第 2 步 在打开的页面中即可看到计算结果，并出现一个小型计算器，如图 3-47 所示。

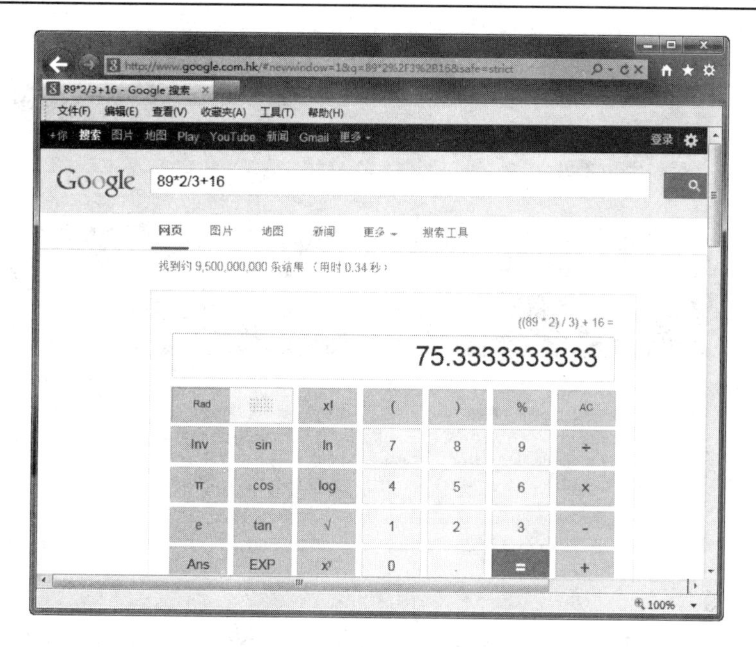

图 3-47

3.3.4 使用手气不错

手气不错是 Google 提供的一个特色功能，使用该功能可以自动打开 Google 查询到的第一个网页，而不用看其他搜索结果。使用手气不错搜索网页的操作方法如下：

第 1 步 打开 Google 首页，在搜索框中输入要搜索的关键字，然后单击【手气不错】按钮，如图 3-48 所示。

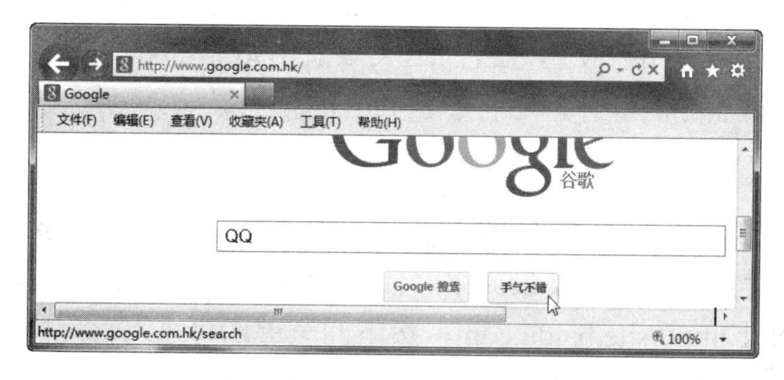

图 3-48

第 2 步 在打开的网页中即可看到查询到的第一个网页，如图 3-49 所示。

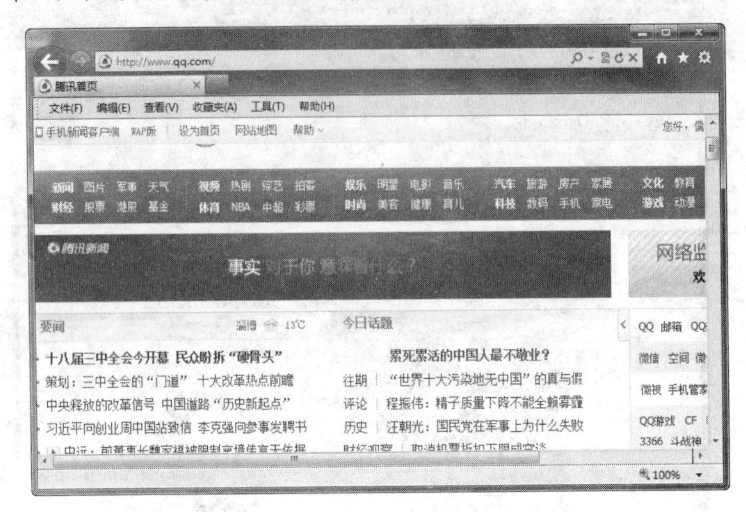

图 3-49

3.4 网络导航

网络导航是为上网用户提供的相关网站、栏目或类别的导航，可以让用户方便地找到自己所需要的信息。网络导航分为站点导航和站内导航，合理运用导航可以快速查找到相关信息，大大提高了查询效率。

3.4.1 站点导航

站点导航是一个综合性的导航网站，它将许多网址按照一定条件进行了分类，然后作为导航供用户使用。目前这类导航网站非常多，除了集成在大型搜索引擎下面的站点导航以外，还有一些独立的站点导航。

1. 百度网站导航

百度网站导航是最实用、最便捷的网址导航，它是百度搜索引擎功能的细分，与搜索完美结合，提供了最简单、便捷的网上导航服务。在 IE 浏览器的地址栏中输入网址 http://site.baidu.com，按下回车键即可进入百度网站导航页面，然后就可以根据分类进行上网浏览了，如图 3-50 所示。

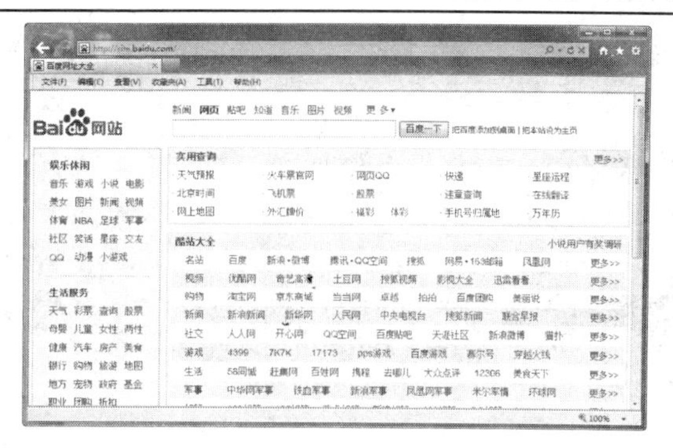

图 3-50

2. Google 网址导航

Google 搜索引擎下面集成了 265 导航功能，它将网络中经常访问的网站进行分类，并且设有“名站导航”、“实用酷站”等栏目，用户只需用鼠标轻轻一点，即可链接至热门网页。在 IE 浏览器的地址栏中输入网址 http://www.265.com，按下回车键就可以进入 265 导航页面，如图 3-51 所示。

图 3-51

3. hao123 网址之家

hao123 网址之家是及时收录了音乐、视频、小说、游戏等热门分类的优秀网站，能提供简单、便捷的网上导航服务。在 IE 浏览器的地址栏中输入 www.hao123.com，并按下回车键，就可以打开 hao123 网址之家的主页，如图 3-52 所示。页面顶部是百度搜索引擎；左侧是类别导航；右侧是各大知名网站和频道导航；底部则是实用查询、常用软件和游戏专区等。

图 3-52

4. 114 啦网址导航

114 啦也是一个非常不错的网址导航站点，与 hao123 差不多，是个便民网站，成立于 2009 年。其宗旨是方便用户快速找到自己需要的网站，而不用去记太多复杂的网址；同时也提供了多种实用的搜索引擎入口，可以更快速、准确地搜索各种资料及网站。

在 IE 浏览器的地址栏中输入 www.114la.com，并按下回车键，就可以打开 114 啦网站的主页，如图 3-53 所示。

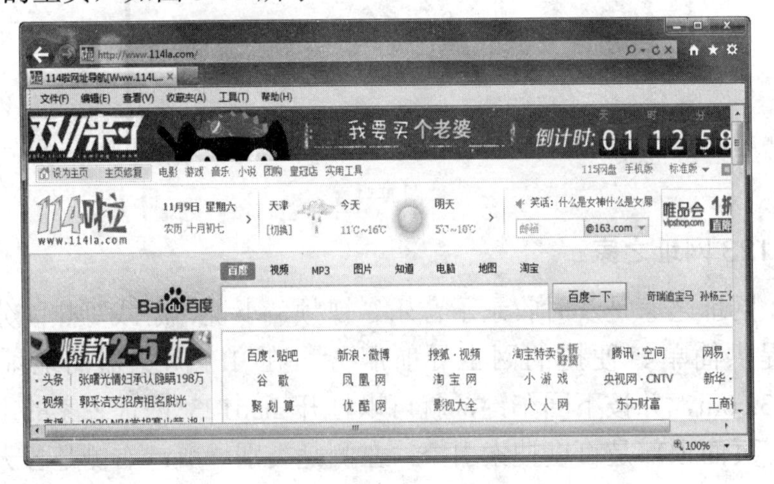

图 3-53

3.4.2 站内导航

一般情况下，大型综合网站都提供了多种形式的站内导航，例如频道导航、类别导航和网站地图导航。

1. 频道导航

频道导航将各种资源进行了分类，让用户能更快地找到所需的资源。大型综合门户网站都会提供频道导航，下面以 163 网站为例介绍频道导航。

在 IE 浏览器的地址栏中输入 http://www.163.com，然后按下回车键，即可打开 163 网站的主页。在网页的顶部可以看见该网站的频道导航，如图 3-54 所示，它包含【新闻】、【体育】、【娱乐】、【财经】、【科技】等类别，在这些类别下又包含了若干子项。例如【新闻】类别下包含【军事】、【评论】和【图片】子项，单击任意一个超链接，即可查看相关的信息。

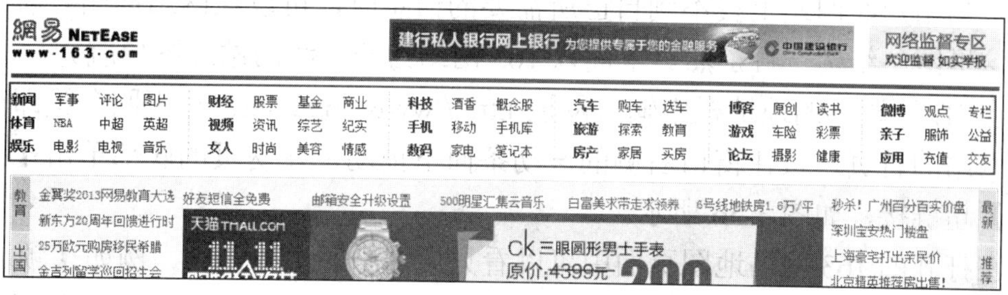

图 3-54

2. 类别导航

类别导航的分类依据与频道导航不同，类别导航的分类比较粗糙，但是用户也能在该类别导航中寻找到所需的资源。下面以百度的网络导航为例介绍类别导航。

在 IE 浏览器的地址栏中输入 http://site.baidu.com，按下回车键即可打开百度的网址导航，在该网页的左侧就是类别导航，如图 3-55 所示。它也是按不同的类型进行排列的，只是该导航的分类依据与频道导航不一样，它包含【娱乐休闲】、【生活服务】、【电脑网络】等类别，在大类别下又包含了若干小类别，单击任意一个超链接，都可以进入详细的网站导航页面。

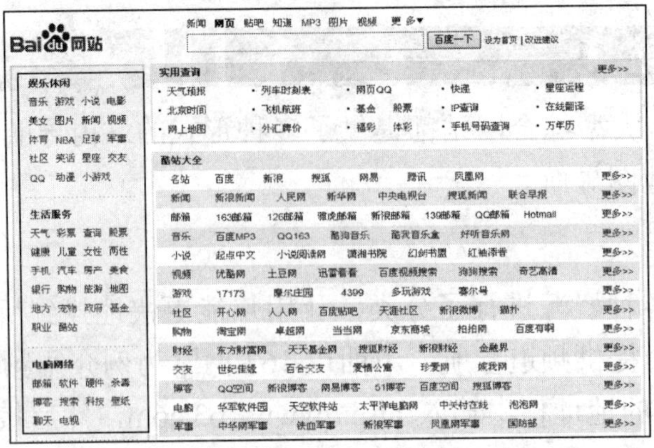

图 3-55

3. 网站地图导航

网站地图又称站点地图，它就是一个页面，上面放置了网站上所有页面的链接。当用户在网站上找不到自己所需要的信息时，可以在网站地图导航中查找，这里网站结构一目了然。下面以163网站为例介绍网站地图导航。

在IE浏览器的地址栏中输入网址 http://www.163.com，按下回车键即可打开该网站的首页，按住窗口右侧的滚动条向下拖动，在网页的底部单击【网站地图】超链接，如图3-56所示。

在打开的163网站地图页面中可以看见该网站的主要结构，例如【频道】、【邮箱】、【游戏】、【服务】等主要版块，图3-57所示为该网站地图的局部页面。

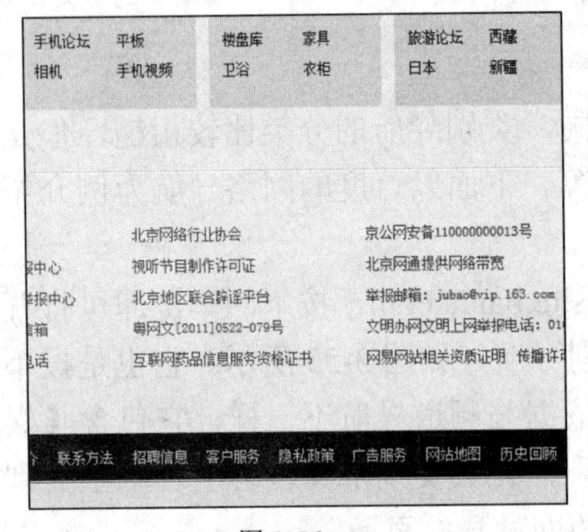

图 3-56

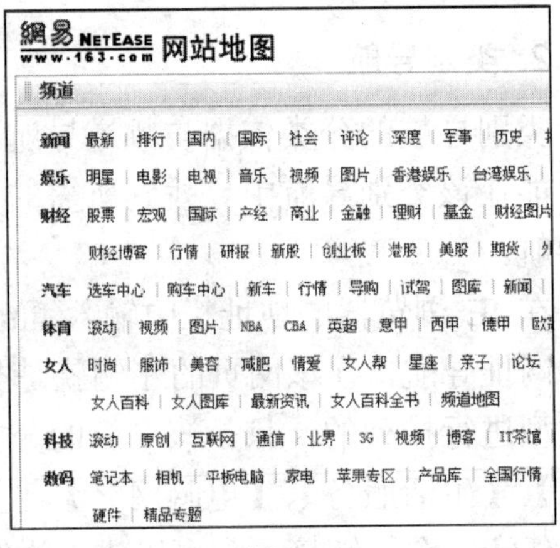

图 3-57

第 4 章　玩转电子邮件

内容导读

本章主要介绍了电子邮件的使用技巧。随着因特网的发展，电子邮件已经成为人们生活中不可缺少的一部分，是现代人传递信息的重要方式之一。

本章详细讲述了电子邮件的概念、如何申请免费的电子邮箱、使用网页的方式收发电子邮件、使用 Windows Live Mail 和 Foxmail 收发和管理电子邮件等知识。

本章要点

- 电子邮件初接触
- 通过网页收发邮件
- 使用 Windows Live Mail
- 使用 Foxmail 收发电子邮件

4.1 电子邮件初接触

网络技术的发展改变了人们的生活，以前需要通过邮局才能收发的信件，现在可以通过互联网的电子邮箱功能来实现，真正实现了无纸化通讯，既经济方便，又快速迅捷。电子邮件是办公、交友的实用工具之一。

4.1.1 认识电子邮件

电子邮件即 E-Mail，是指通过计算机网络进行传送的邮件，它是 Internet 的一项重要功能。电子邮件是现代社会进行通讯、传输文字、图像、语音等多媒体信息的重要渠道。电子邮件与人工邮件相比，具有速度快、可靠性高、价格便宜等优点，而且不像电话那样要求通讯双方必须同时在场，可以一信多发，或者将多个文件集成在一个邮件中传送等。目前它已成为世界上最有效的信息交换方式之一。

目前许多网站都提供了电子邮件服务，用户只需要在网站上申请一个电子邮箱即可使用。每一个电子邮箱都有一个专门的地址，叫做邮箱地址，邮箱地址的格式为“user@mail.server.name”。其中 user 是用户帐号；mail.server.name 是电子邮件服务器。例如“dongfan@163.com”中，dongfan 是用户帐号，即用户名，而 163.com 是电子邮件服务器的域名。这个邮箱地址表示在电子邮箱服务器 163.com 上帐号为 dongfan 的电子邮箱。

4.1.2 申请免费电子邮箱

使用电子邮件要有一个电子邮箱，用户可以向 Internet 服务提供商提出申请。电子邮箱实际上是在邮件服务器上为用户分配的一块存储空间，每个电子邮箱对应着一个邮箱地址(或称为邮件地址)。

Internet 上有很多网站都为用户提供了免费电子邮箱。下面以申请 163 邮箱为例，介绍申请免费电子邮箱的方法。

第 1 步 启动IE浏览器并在地址栏中输入http://email.163.com，按下回车键，进入网易邮箱网页，单击其中的【注册网易免费邮】文字链接，如图 4-1 所示。

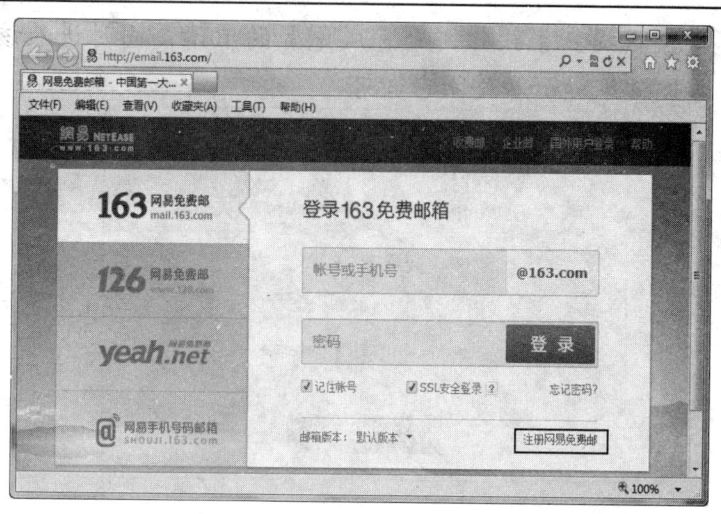

图 4-1

第 2 步 进入申请网易邮箱的页面。这里提供了两种注册方式：一是注册字母邮箱；二是注册手机号码邮箱。这里选择前一项并根据提示输入邮件地址、密码和验证码，然后单击【立即注册】按钮，如图 4-2 所示。

第 3 步 这时进入注册邮箱的第二步，要求输入验证码。用户输入手机号码以后，单击【免费获取短信验证码】按钮，则手机会收到一条短信获得验证码，输入该验证码，如图 4-3 所示。

图 4-2

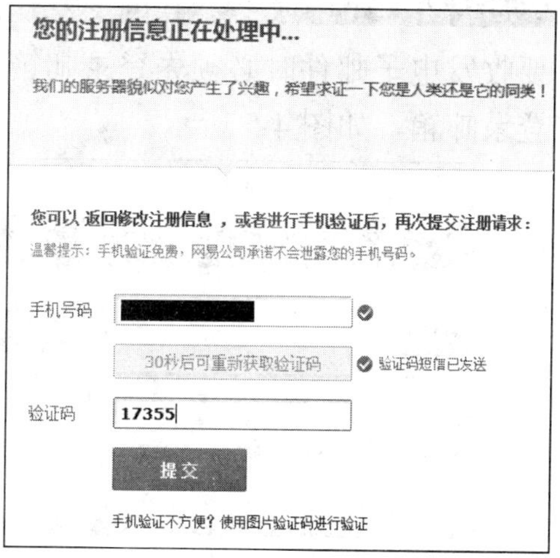

图 4-3

第4步 单击【提交】按钮，则完成免费的申请，同时进入该邮箱并出现一个提示框，如图4-4所示，关闭它即可。

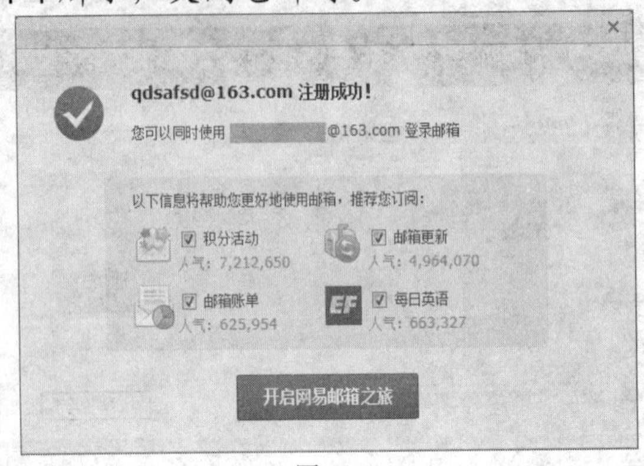

图4-4

4.2 通过网页收发邮件

通过网页收发电子邮件，即在网页中登录电子邮箱，接收或发送电子邮件，不需要单独的邮件程序，而且还可以设置个性化的邮箱界面、管理邮件、保存邮件地址等，是一种比较方便的工作方式。

4.2.1 登录邮箱

要收发电子邮件时必须先登录邮箱。一般情况下，通过网站的主页就可以直接登录邮箱，如图4-5所示。

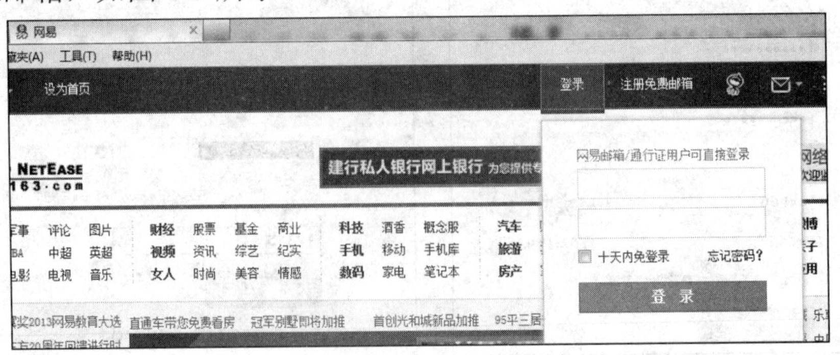

图4-5

登录时只需要输入邮箱名称和密码，如图 4-6 所示，然后单击【登录】按钮即可。

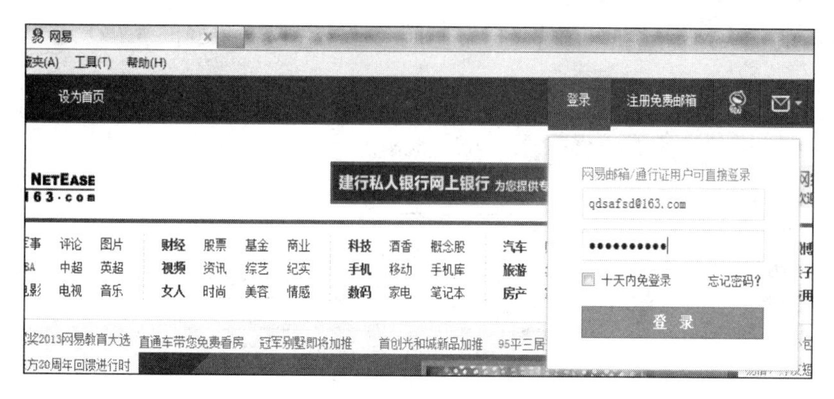

图 4-6

除了可以在网站的主页直接登录以外，也可以进入网站邮箱的首页进行登录。例如，163 邮箱的首页地址是 http://mail.163.com，打开该网页以后，输入邮箱地址和密码，然后单击【登录】按钮即可，如图 4-7 所示。

图 4-7

4.2.2 编写并发送邮件

进入邮箱以后就可以处理邮件了，既可以接收并查看其他用户发来的电子邮件，也可以撰写电子邮件并将邮件发送给其他用户。编写并发送邮件的具体操作方法如下：

第1步 进入邮箱以后单击【写信】按钮，进入写信页面。

第2步 在【收件人】文本框中输入对方的邮址；在【主题】文本框中输入邮件内容的简短概括，方便收件人查阅，如图4-8所示。

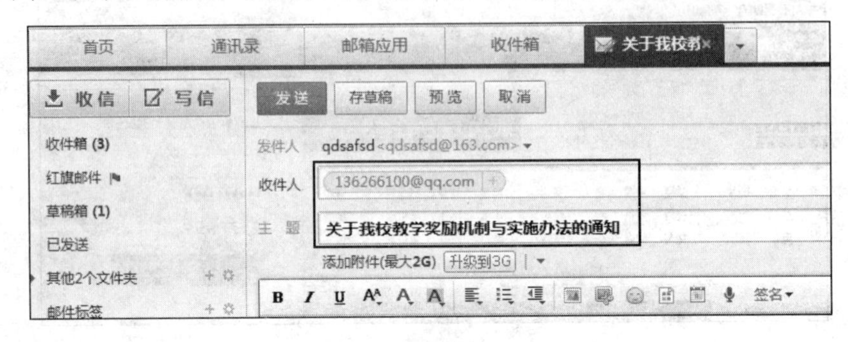

图4-8

第3步 在邮件的编辑区中输入邮件的正文内容，利用格式工具栏可以格式化文本，编辑完信件以后单击【发送】按钮，即可发送邮件，如图4-9所示。

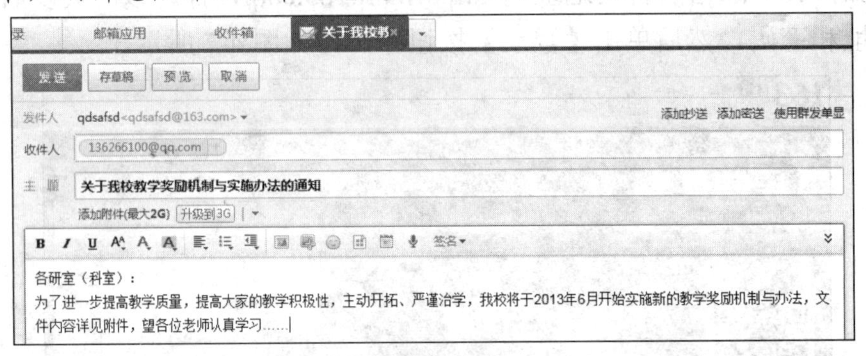

图4-9

4.2.3 添加附件

附件是单独的一个电脑文件，可以附在邮件中一起发给对方。撰写邮件时，一般情况下只写邮件正文，而其他的文件(如图片、音乐或动画等文件)则通过添加附件的方式发送给对方。

添加附件时，由于不同网站的邮箱容量不一样大，对附件的大小要求也不一样，因此添加附件前要了解邮箱对附件大小的要求，同时还要知道对方邮箱容量的大小。如果添加的附件较大，可以先将它们压缩，以减小附件大小并缩短收发邮件的时间。添加附件的具体操作方法如下：

第 1 步 按照前面的方法撰写邮件，分别写好收件人地址、主题、邮件正文等，然后单击【添加附件(最大 2G)】按钮，如图 4-10 所示。

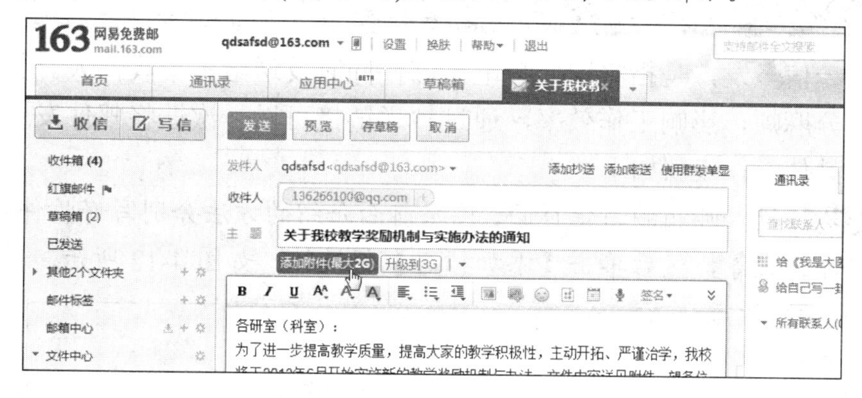

图 4-10

第 2 步 在弹出的【选择要上载的文件】对话框中选择要添加的文件，单击【打开】按钮则将该文件添加为附件，如图 4-11 所示。

图 4-11

第 3 步 用同样的方法，可以添加其他附件。如果要删除已添加的附件，可以单击附件名称右侧的【删除】按钮将其删除。

第4步 单击【发送】按钮，则附件将与邮件正文一起被发送到对方的邮箱中。

4.2.4 实现一信多发

所谓一信多发，是指将同一封电子邮件同时发送给多个收件人。如果逐个发送将十分麻烦，影响工作效率，通过抄送链接可以一次性将邮件发送给多个收件人，具体操作步骤如下：

第1步 进入邮箱的写信页面，按照前面介绍的方法分别写好收件人地址、主题、邮件正文等，然后单击【添加抄送】超链接，如图4-12所示。

图4-12

第2步 此时【收件人】文本框下方将出现一个【抄送人】文本框，在其中输入其他收件人的邮箱地址即可，如图4-13所示。

图4-13

第 3 步 如果要抄送的收件人为两人或两人以上，则可以在多个邮箱地址之间以逗号或分号隔开。

第 4 步 单击【发送】按钮，则邮件将同时发送给多个收件人。

4.2.5 查看和回复新邮件

进入邮箱以后，在邮箱的左侧可以看到未读邮件的数量。单击【收件箱】超链接，可以查看新邮件。新邮件以粗体显示，以区别于已经阅读过的邮件。

阅读邮件前要分清楚哪些是正常邮件，哪些是垃圾邮件，对于自己不熟悉的邮件，不要轻易打开，因为它极有可能含有病毒。要阅读新邮件时，单击邮件的主题链接即可，如图 4-14 所示。

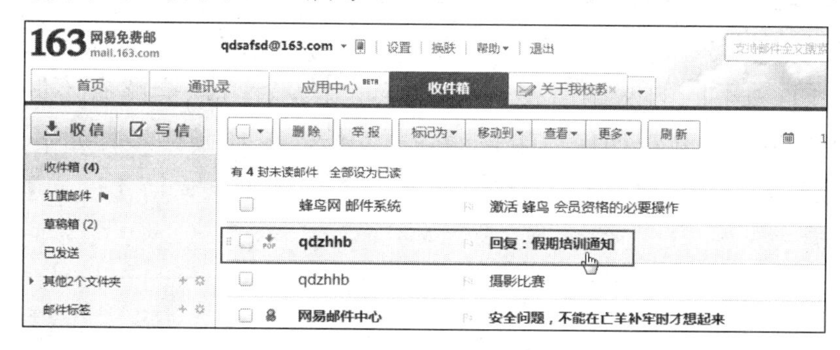

图 4-14

当阅读完邮件以后，如果需要回复邮件，可以单击【回复】按钮，如图 4-15 所示。

图 4-15

单击【回复】按钮以后，将进入编写邮件的界面。这时只需要输入邮件内容即可，而无需输入收件人的名称和电子邮件地址。完成邮件内容的撰写以后，

单击【发送】按钮，即完成邮件的回复，如图 4-16 所示。

图 4-16

4.2.6 启用自动回复功能

当我们收到重要的电子邮件时，为了让对方确认收到了该邮件，可以启用自动回复功能。不同的网站所提供的邮箱，其设置方法会略有不同。下面以 163.com 邮箱为例，介绍如何启用自动回复功能，具体操作步骤如下：

第 1 步 首先登录 163.com 邮箱，然后单击页面上方的【设置】超链接，如图 4-17 所示。

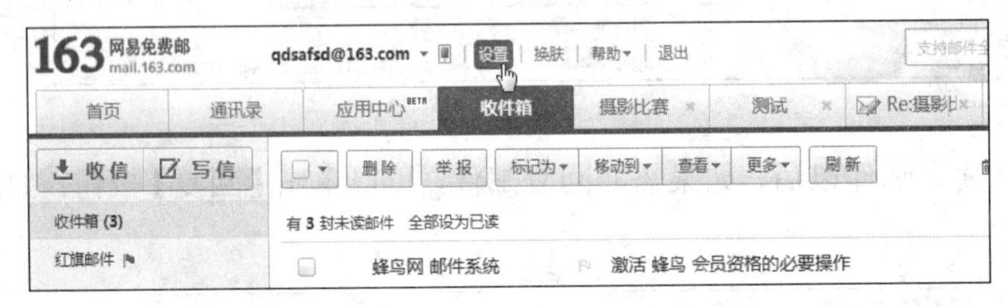

图 4-17

第 2 步 在【基本设置】选项中启用【自动回复】功能，并且在文本框中输入回复的内容，如图 4-18 所示。

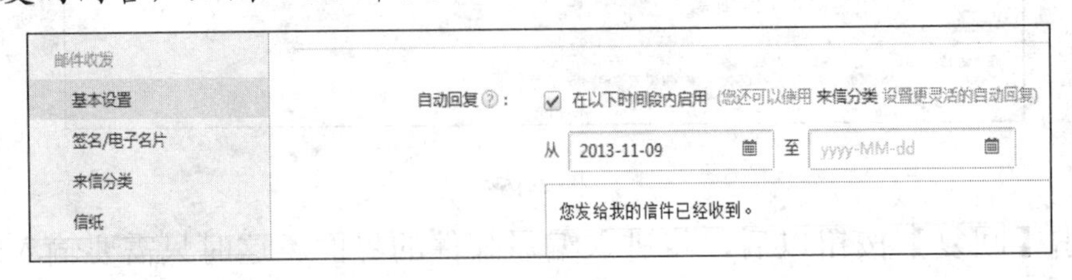

图 4-18

第 3 步 最后单击【保存】按钮保存设置即可。

4.2.7 删除邮件

邮箱的容量是有限的，当旧邮件过多时，新的邮件可能就收不进来了，因此需要及时清理邮箱，将没用的邮件删除。删除邮件的操作方法如下：

第 1 步 进入收件箱中，在邮件列表中选择要删除的邮件，单击【删除】按钮，如图 4-19 所示。

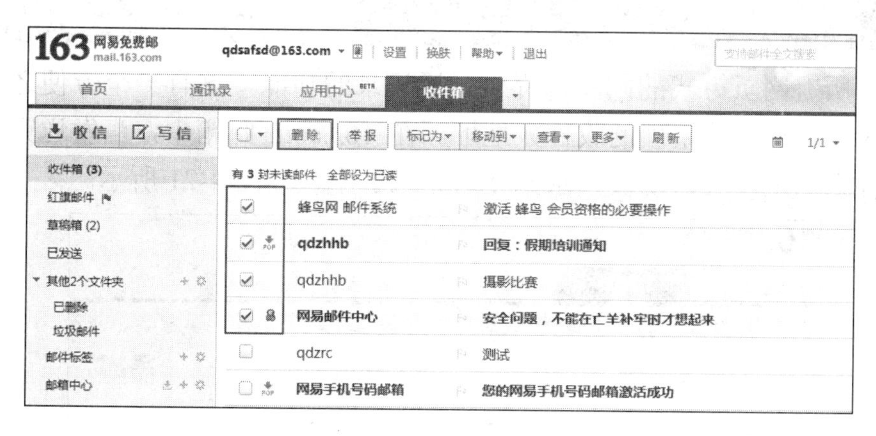

图 4-19

第 2 步 被删除的邮件移动到了【已删除】邮件夹中，如果要彻底删除邮件，可以在【已删除】邮件夹中选择邮件，然后单击【彻底删除】按钮，如图 4-20 所示。

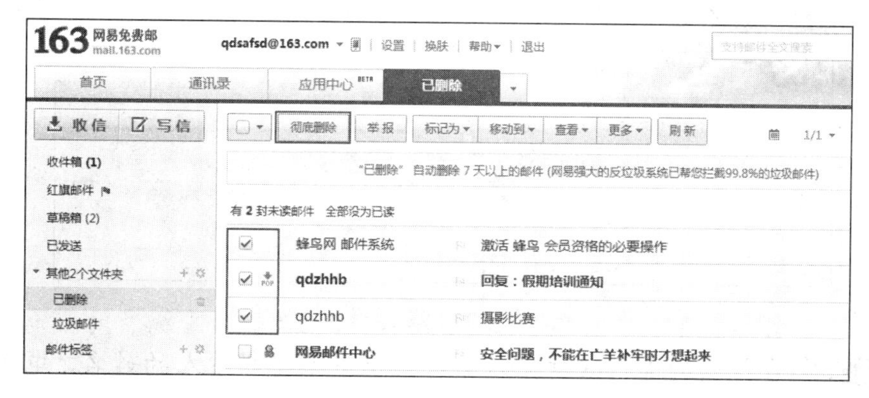

图 4-20

智慧锦囊

实际上，邮箱中的【已删除】邮件夹相当于桌面上的回收站，它提供了一个暂时存放废弃邮件的作用。【已删除】邮件夹中的邮件并没有真正删除，可以随时移至【收件箱】中，当确实不再需要某邮件时，可以将其彻底删除。

4.2.8 添加联系人

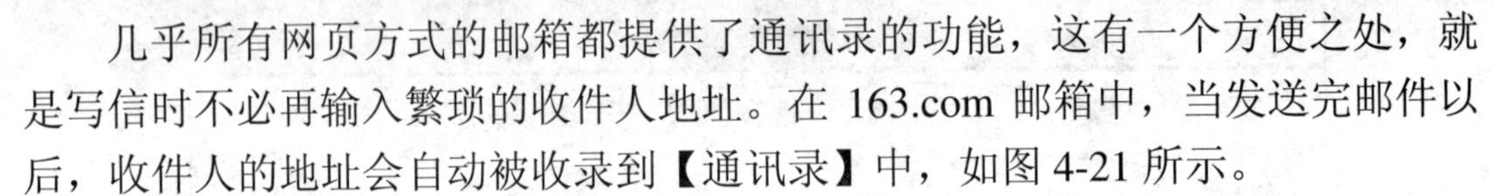

几乎所有网页方式的邮箱都提供了通讯录的功能，这有一个方便之处，就是写信时不必再输入繁琐的收件人地址。在 163.com 邮箱中，当发送完邮件以后，收件人的地址会自动被收录到【通讯录】中，如图 4-21 所示。

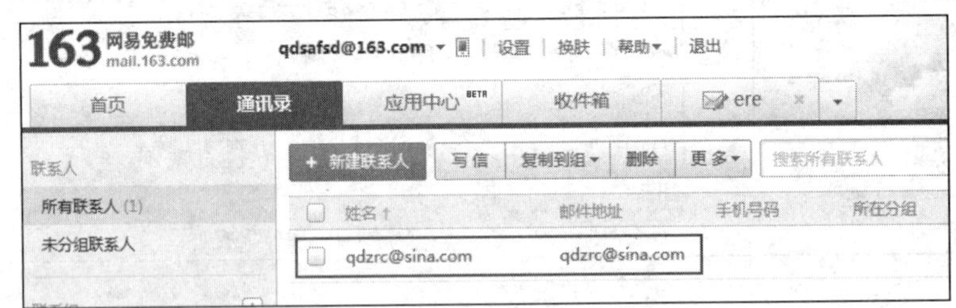

图 4-21

另外，用户也可以添加联系人，具体操作步骤如下：

第 1 步 登录邮箱以后，单击上方的【通讯录】选项卡，然后单击【新建联系人】按钮，如图 4-22 所示。

图 4-22

第 2 步 在弹出的【新建联系人】对话框中添写联系人的姓名、电子邮箱、手机等信息，如图 4-23 所示。

第 3 步 单击【更多选项】可以展开对话框，这时可以添加更加详细的联系人信息，如图 4-24 所示。

图 4-23

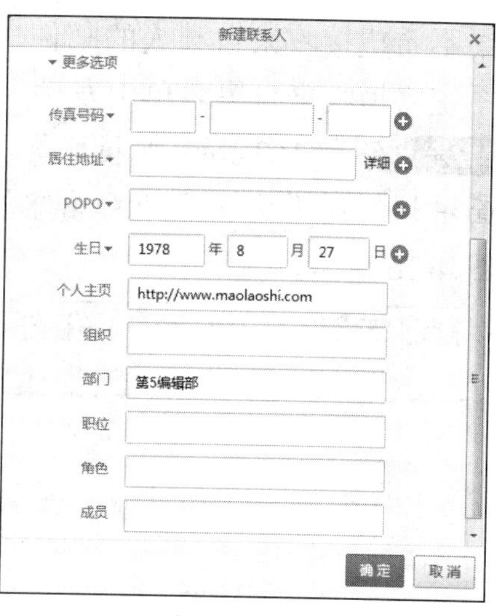

图 4-24

第 4 步 单击【确定】按钮，则添加了联系人，这时联系人将出现在通讯录中，如图 4-25 所示。需要写信的时候单击该联系人即可。

图 4-25

智慧锦囊

关于邮箱的设置方面，不同的网站略有不同。例如 163、新浪、搜狐等网站都提供了免费邮箱功能，邮箱的基本功能与设置方法大致相同，不同的无非是网页界面的外观、选项的位置等。

4.2.9 拒收邮件

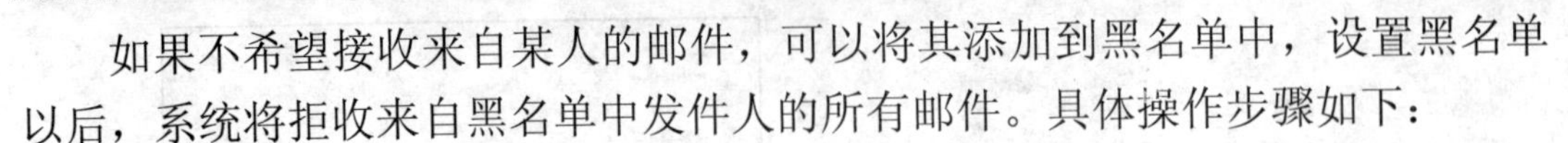

如果不希望接收来自某人的邮件，可以将其添加到黑名单中，设置黑名单以后，系统将拒收来自黑名单中发件人的所有邮件。具体操作步骤如下：

第1步 登录163.com邮箱，单击上方的【设置】超链接，在打开的邮件设置页面中切换到【反垃圾/黑白名单】选项，然后单击【+添加黑名单】超链接，如图4-26所示。

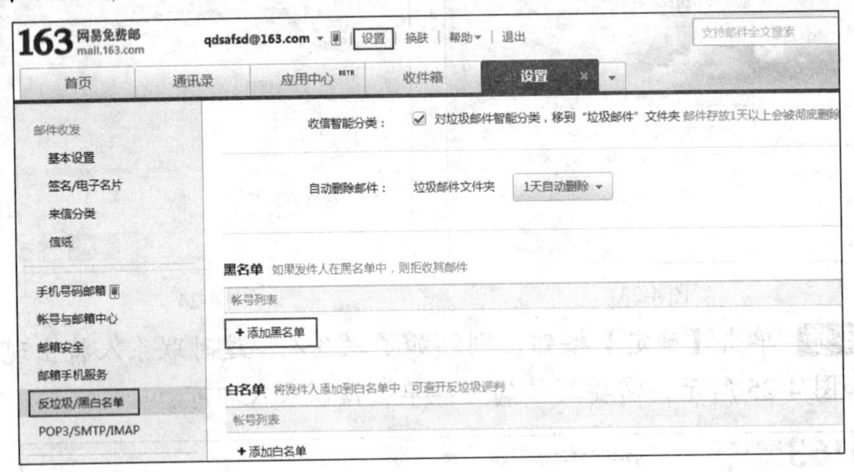

图4-26

第2步 在弹出的【添加黑名单】对话框中，输入要添加到黑名单中的邮箱地址，然后单击【确定】按钮，如图4-27所示。

图4-27

第3步 添加到黑名单中的邮箱地址将出现在下方的列表中。如果要解除某人的黑名单，单击邮箱地址右侧的【移除】按钮即可，如图4-28所示。

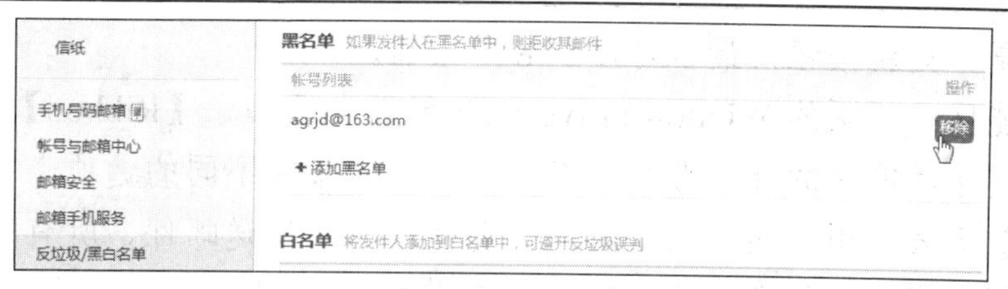

图 4-28

4.3 使用 Windows Live Mail

Live Mail 是 Windows 7 操作系统内置的程序，它是 Outlook Express 后续的电子邮件管理工具。Windows Live Mail 在功能性和操作的便捷性方面都有所改善，它可以帮助用户收发电子邮件、管理电子邮件等。

4.3.1 配置邮件帐户

安装了 Windows Live Mail 软件后，单击【开始】/【所有程序】/【Windows Live Mail】命令，即可启动电子邮件客户服务程序 Windows Live Mail，如图 4-29 所示。

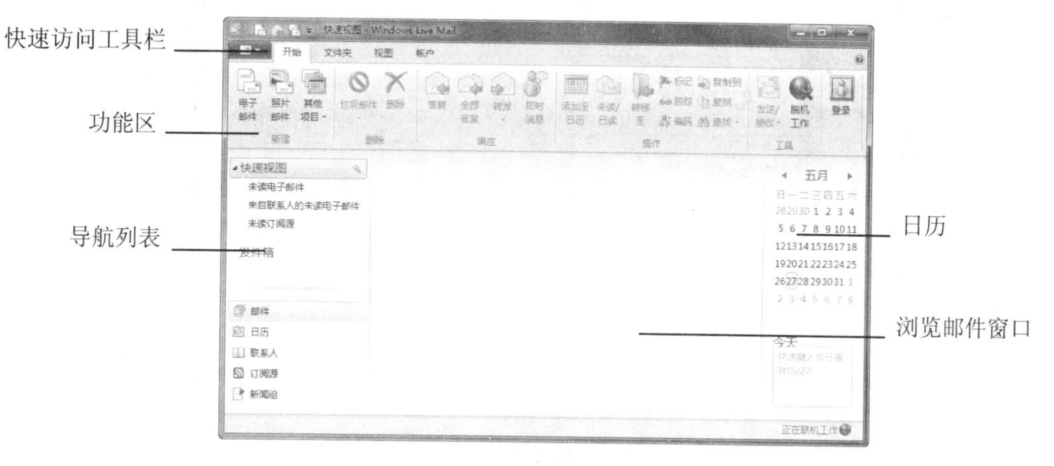

图 4-29

Windows Live Mail 的窗口组成如下：

- 快速访问工具栏：该功能最初出现在 Office 2010 中，用户可以自定义快速访问工具栏，置于功能区的上方。默认的工具栏中有新建、

回复、更新按钮，最多可添加8个按钮。

- 功能区：新版的Windows Live Mail界面中添加了【Ribbon】按钮，采用了功能区的外观形式，将各项功能分布在不同的选项卡中。
- 导航列表：用于显示未读邮件、发件箱、已发送邮件、所有的联系人等内容，功能类似于Windows的资源管理器。
- 日历：用于显示当地时间，还可以简单地记录事件。
- 浏览邮件窗口：用于显示邮件列表、阅读邮件等。

启动后需要先配置 Windows Live Mail 的邮件帐户，下面以 qdsafsd@163.com 邮箱帐户为例，介绍设置邮件帐户的操作步骤：

第1步 在Windows Live Mail窗口中切换到【帐户】选项卡，单击【电子邮件】按钮，则打开【Windows Live Mail】对话框，在这里可以添加邮件帐户，如图4-30所示。

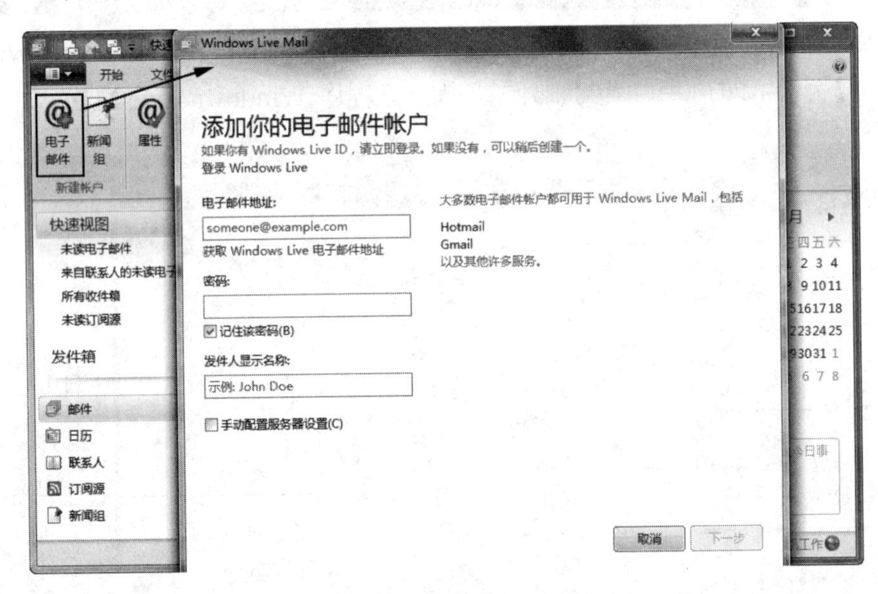

图4-30

第2步 在【电子邮件地址】文本框中输入用户申请的E-mail地址，在【密码】文本框中输入用户的密码，在【发件人显示名称】文本框中输入要显示的用户姓名，如图4-31所示。

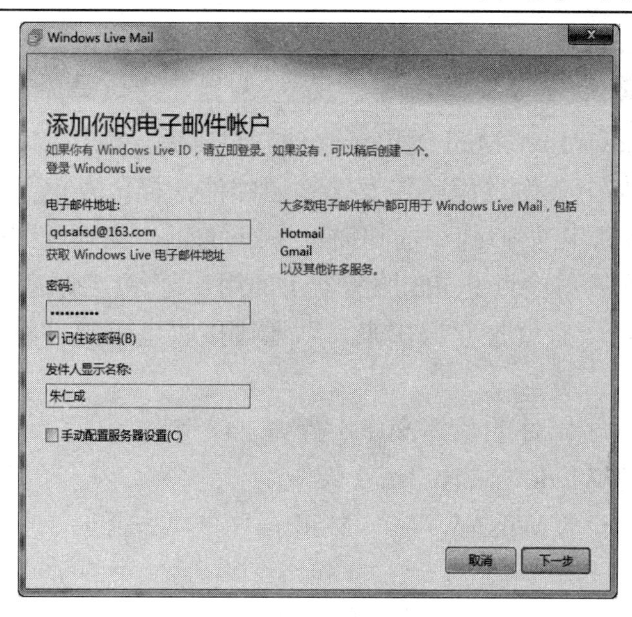

图 4-31

第 3 步 单击【下一步】按钮，则完成邮件帐户的设置。如果要继续添加其他邮件帐户，可以单击下方的【添加其他电子邮件帐户】文字链接，否则单击【完成】按钮结束操作，如图 4-32 所示。

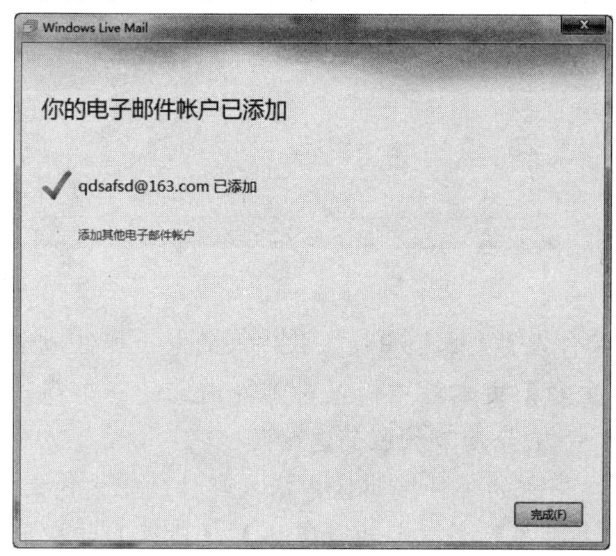

图 4-32

4.3.2 撰写并发送电子邮件

设置了 Windows Live Mail 的电子邮件帐户以后，就可以收发电子邮件了。收发电子邮件的整个工作过程就像发送普通邮件一样，发电子邮件时将邮件投递到 SMTP 服务器中(类似邮局的邮筒)，剩下的工作由互联网的电子邮件系统完成；收信的时候只需检查 POP3 服务器上的用户邮箱(类似家门口的信箱)中有没有新的邮件到达，有就把它取出来，即通过接收电子邮件将其下载到本地计算机上。

创建并发送电子邮件的具体操作步骤如下：

第 1 步 启动 Windows Live Mail 软件。

第 2 步 在打开的 Windows Live Mail 窗口中单击【电子邮件】按钮，打开【新邮件】窗口，如图 4-33 所示。

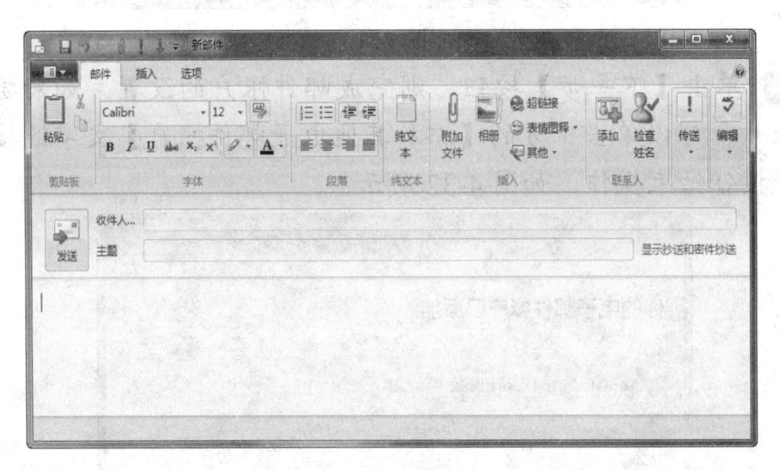

图 4-33

第 3 步 在【收件人】文本框中输入收件人的电子邮件地址，此栏必须填写。

第 4 步 在【主题】文本框中输入对邮件内容的一个简短概括，方便收件人查阅，如“关于 5 · 1 劳动节放假的通知”。

第 5 步 在窗口下方的邮件编辑区中输入邮件的正文内容。

第 6 步 利用【邮件】选项卡的【字体】、【段落】组中的功能按钮可以格式化文本，效果如图 4-34 所示。

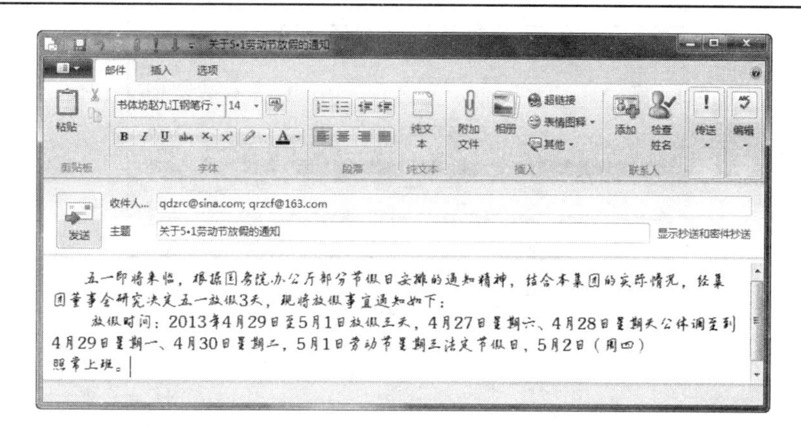

图 4-34

第 7 步 设置好邮件正文后，单击【收件人】左侧的【发送】按钮，则将邮件发送到指定的电子邮箱中。

4.3.3 接收电子邮件

用户如果想在脱机状态下查看邮件服务器上的邮件，则需要先在联机状态下通过 Windows Live Mail 将服务器上的邮件全部接收到本地计算机上。接收电子邮件的操作步骤如下：

第 1 步 启动 Windows Live Mail 软件。

第 2 步 在【开始】选项卡的【工具】组中单击【发送/接收】按钮下方的三角箭头，在打开的下拉列表中选择要使用的帐户，例如选择“Sina”，如图 4-35 所示。

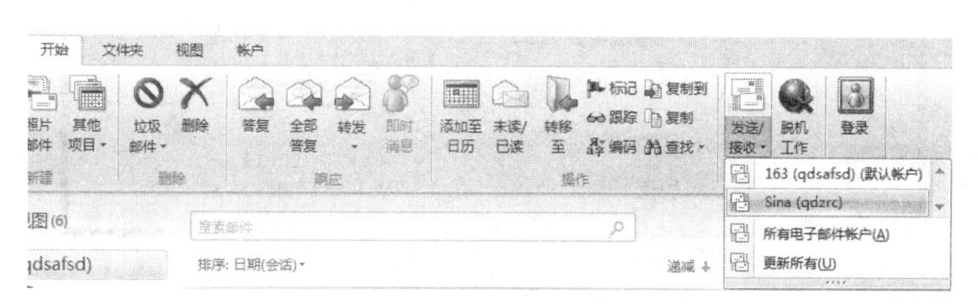

图 4-35

第 3 步 这时弹出【Windows Live Mail】对话框，此时不需要操作，耐心等待即可，如图 4-36 所示。

图 4-36

第 4 步 邮件接收完成后，自动显示 Windows Live Mail 窗口，并将收到的邮件保存在收件箱中，如图 4-37 所示。

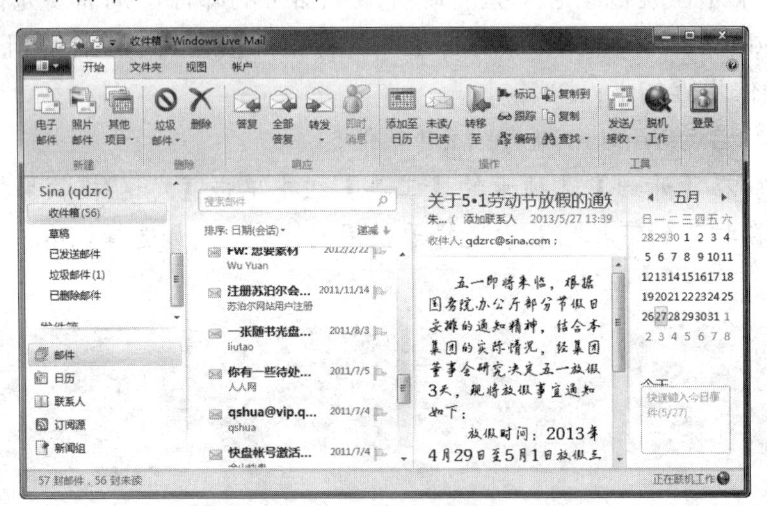

图 4-37

阅读邮件时只需在邮件列表窗口中单击该邮件，即可在浏览邮件窗口中阅读邮件。另外，还可以在窗口中对邮件进行打印、回复、转发等操作。

如果要删除邮件，需要先在邮件列表窗口中选择邮件，然后在【开始】选项卡的【删除】组中单击【删除】按钮，即可将邮件删除到【已删除邮件】文件夹中。在【已删除邮件】文件夹中的邮件需要再次重复该操作才能彻底被删除。

4.3.4 回复与转发电子邮件

用户收到电子邮件后，可以使用 Windows Live Mail 方便地回复电子邮件，而无需输入收件人的名称和电子邮件地址，也可以直接将重要的邮件直接转发给其他人。

回复邮件时，选择要回复的邮件，在【开始】选项卡的【响应】组中单击【答复】按钮，即可弹出回复邮件窗口，如图 4-38 所示。此时，收件人的地址、主题及来信内容已经自动填好，编辑好回复内容后单击【发送】按钮，即可回复该邮件。如果要回复用户以及邮件中的所有人，则可以单击【全部答复】按钮。

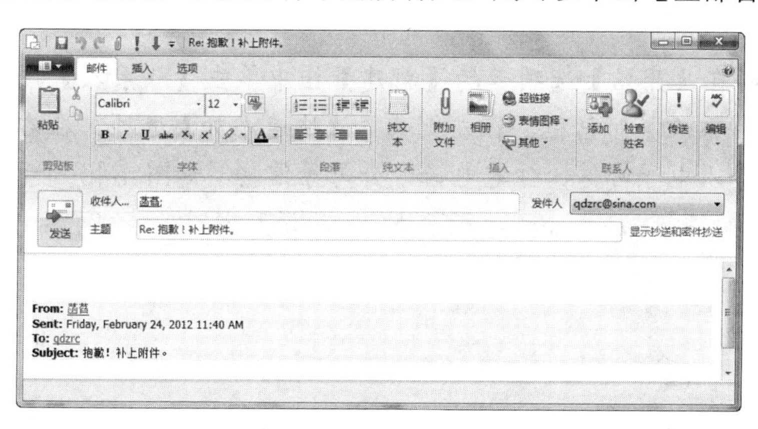

图 4-38

如果要将选择的邮件直接转发给其他人，则可以单击【转发】按钮，这时用户只需在【收件人】文本框中输入转发用户的电子地址即可。

4.3.5 使用通讯簿

通讯簿是管理联系人通讯信息的有力工具，它的功能和普通的电话通讯簿相似，使用它不仅可以方便地查找联系人的个人信息，还可以在写邮件时方便、直接地输入对方的邮件地址。例如，我们要将好友添加到通讯簿，并向其发送一封问候信函，操作步骤如下：

第 1 步 在 Windows Live Mail 窗口左侧的导航列表中单击【联系人】选项，这时的功能区将切换到与联系人有关的功能，如图 4-39 所示。

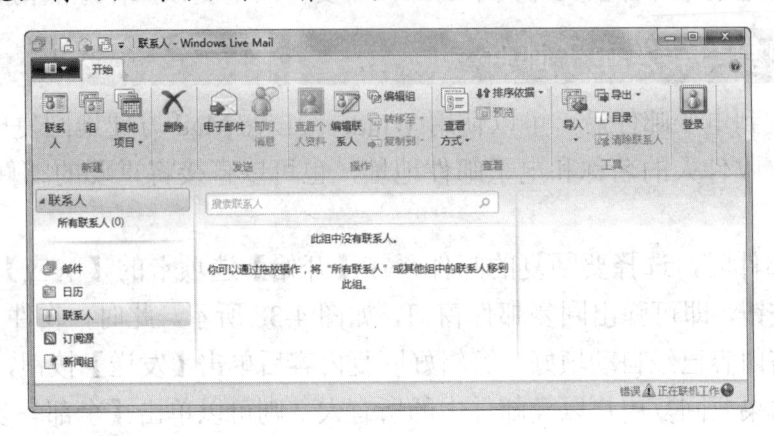

图 4-39

第 2 步 在【开始】选项卡的【新建】组中单击【联系人】按钮，则弹出【添加联机联系人】对话框，在左侧选择【快速添加】选项，在右侧输入用户的姓、名、个人电子邮件、住宅电话、公司等信息，如图 4-40 所示。

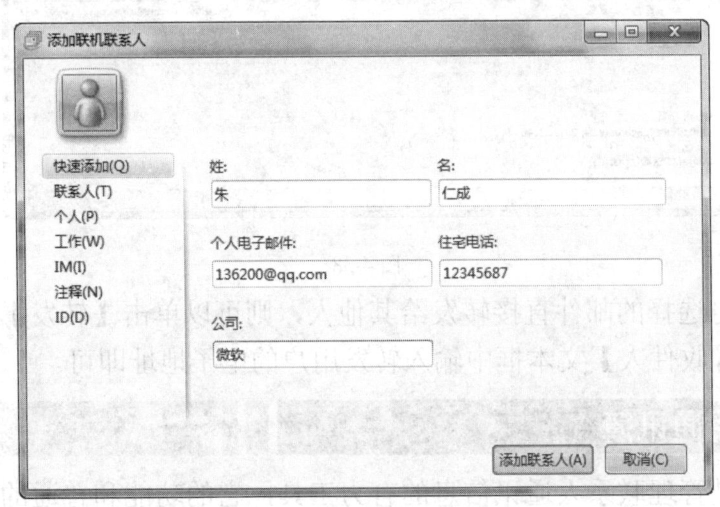

图 4-40

第 3 步 单击【添加联系人】按钮即可添加联系人。如果要进行更丰富的信息设置，可以在对话框左侧依次选择不同的选项进行设置。

智慧锦囊

对于收到的邮件，如果要将对方添加到通讯簿中，可以直接在【发件人】名称上单击鼠标右键，从弹出的快捷菜单中选择【将发件人添加到联系人】命令，即可将发件人的名称和电子邮件地址添加到通讯簿中。

下面接着介绍如何使用通讯簿给联系人发送邮件，具体操作步骤如下：

第 1 步 在 Windows Live Mail 窗口左侧的导航列表中单击【联系人】选项，然后选择要接收邮件的联系人，如图 4-41 所示。

图 4-41

第 2 步 在【开始】选项卡的【发送】组中单击【电子邮件】按钮，这时打开【新邮件】窗口，如图 4-42 所示。

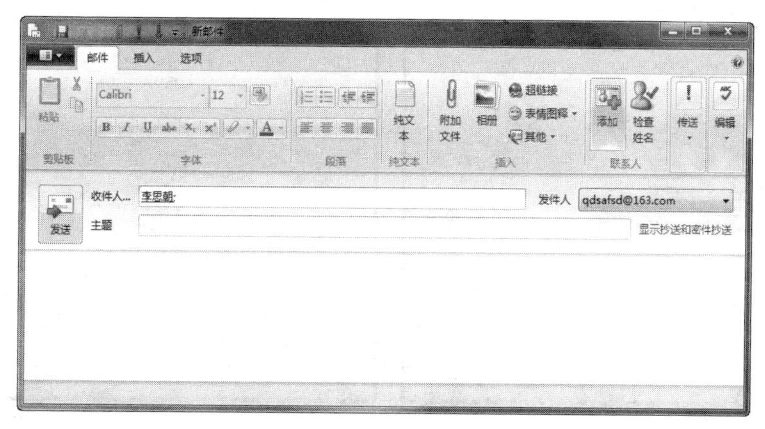

图 4-42

第3步 如果要添加多个收件人，可以在【邮件】选项卡的【联系人】组中单击【添加】按钮，继续添加其他收件人。

第4步 在【新邮件】窗口中输入邮件的主题、内容以及附件等，单击【发送】按钮，即可将邮件发送给指定的收件人。

4.4 使用Foxmail收发电子邮件

Foxmail是一款优秀的国产电子邮件客户端软件。它以其简洁、友好的界面，实用、体贴的功能而著称，不仅速度快、使用方便，而且性能稳定，完全免费。Foxmail中文版用户已过400万，英文版用户遍布20多个国家，被太平洋电脑网评为五星级软件。

4.4.1 创建Foxmail帐号

安装好了Foxmail软件以后，第一次启动时将弹出向导对话框，提示用户创建Foxmail帐号，具体操作步骤如下：

第1步 启动Foxmail软件，在弹出的【新建帐号】对话框中设置电子邮件地址和密码，然后单击【创建】按钮，如图4-43所示。

第2步 这时计算机开始检测帐号，如果无误，则出现设置成功提示，单击【完成】按钮即可，如图4-44所示。

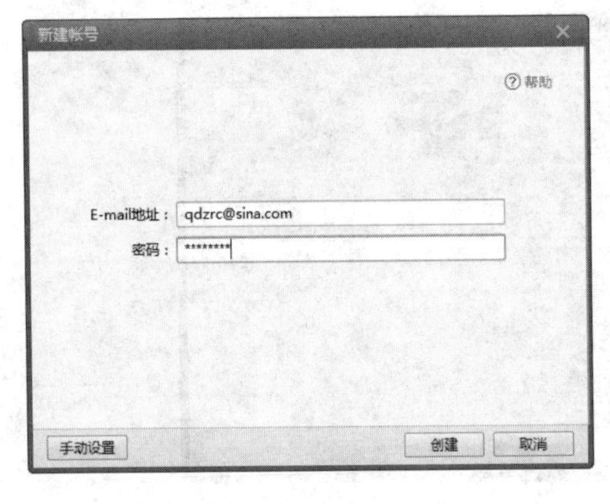

图4-43

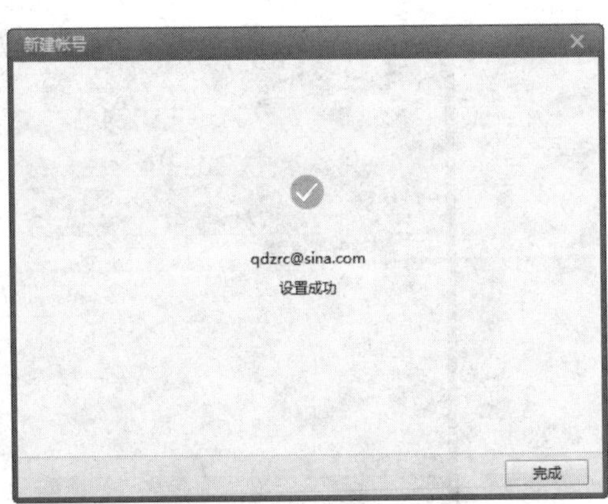

图4-44

4.4.2 撰写与发送邮件

正确创建了 Foxmail 帐号以后，就可以使用它来撰写与发送邮件了，具体操作步骤如下：

第 1 步 启动 Foxmail，在工具栏中单击【写邮件】按钮，如图 4-45 所示。

第 2 步 在打开的邮件编辑窗口中填写收件人地址、主题，并撰写邮件内容，如图 4-46 所示。

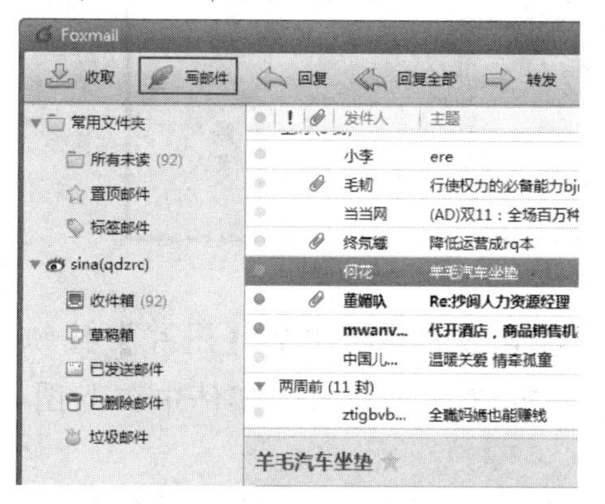

图 4-45

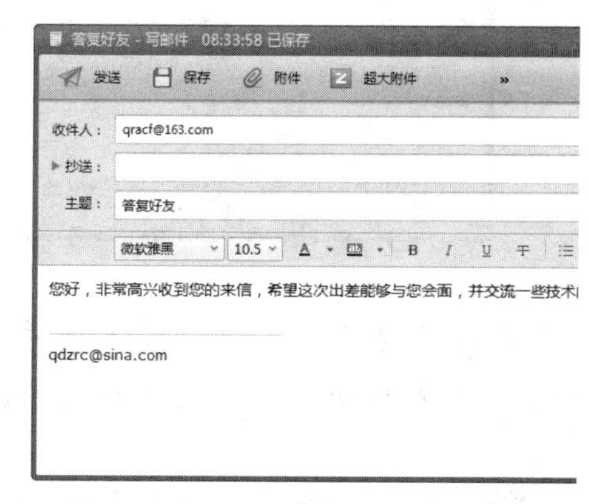

图 4-46

第 3 步 如果要添加附件，则单击工具栏中的【附件】按钮，在弹出的【打开】对话框中双击要作为附件的文件，如图 4-47 所示。

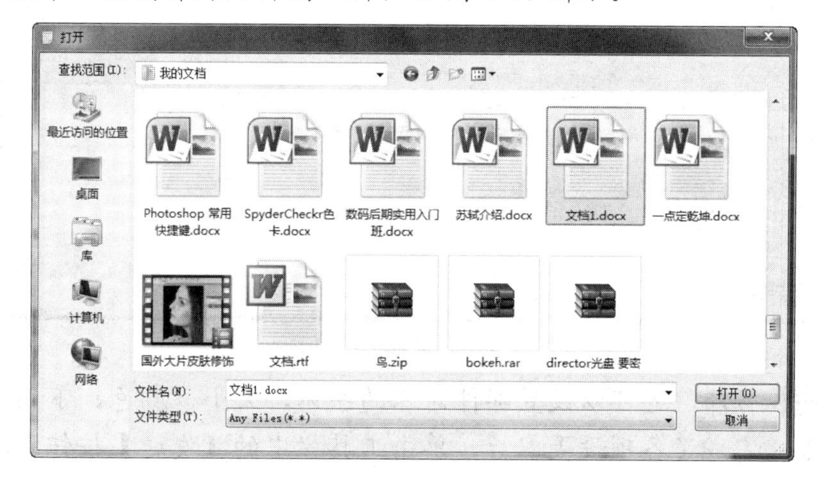

图 4-47

第 4 步 用同样的方法可以继续添加附件。添加附件以后，用户可以在邮件编辑窗口的下方看到要发送的附件，如图 4-48 所示。

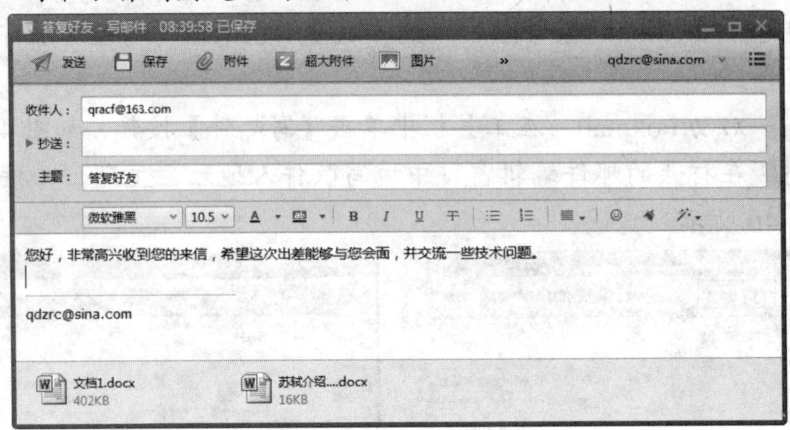

图 4-48

第 5 步 如果要在邮件中插入图片，则单击工具栏中的【图片】按钮，在弹出的【打开】对话框中双击图片文件，则可以将其插入到邮件中，如图 4-49 所示。

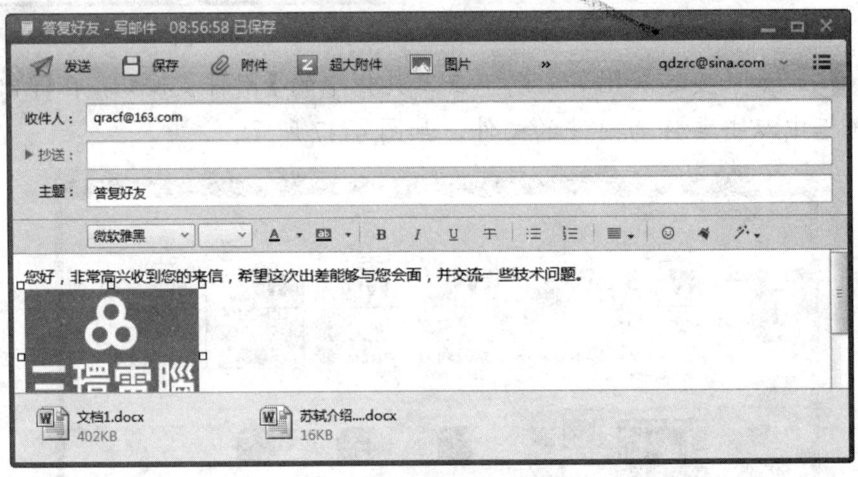

图 4-49

第 6 步 另外，还可以设置邮件内容的字体、大小、颜色、下划线、底纹等文字格式。完成了各项设置以后，单击工具栏中的【发送】按钮，即可发送邮件到收件人邮箱中。

4.4.3 使用信纸

使用 Foxmail 撰写或回复邮件时，可以使用内置的漂亮信纸。除此以外，用户也可以使用自己喜欢的图片作为信纸，让自己的邮件变得更加漂亮，具体操作步骤如下：

第 1 步 启动 Foxmail，在工具栏中单击【写邮件】按钮或【回复】按钮，打开邮件编辑窗口。

第 2 步 编写好邮件内容以后，单击工具栏右侧的【设置】按钮，在打开的列表中选择【显示边栏】/【信纸】选项，如图 4-50 所示。

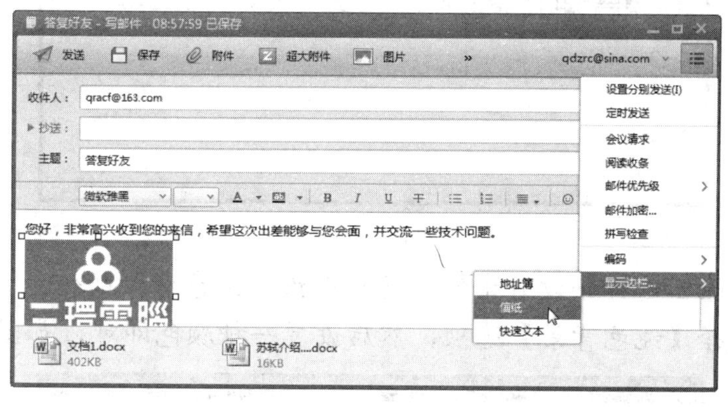

图 4-50

第 3 步 在打开的信纸边栏中单击某种信纸，即可为邮件添加漂亮的信纸，如图 4-51 所示。

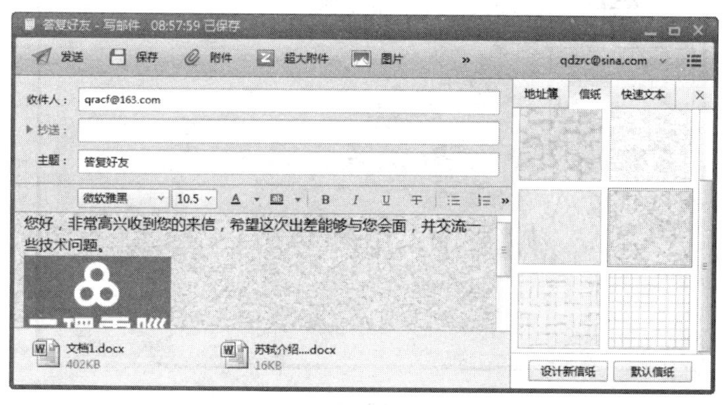

图 4-51

第 4 步 如果要使用更丰富的信纸，可以单击【设计新信纸】按钮，在弹出的【设计信纸】对话框中可以选择一幅预设的背景，然后单击【保存】按钮，如图 4-52 所示。

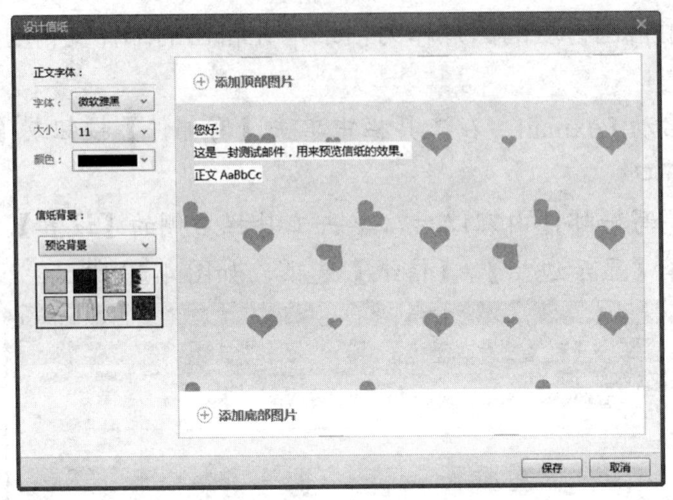

图 4-52

第 5 步 除了选择预设背景外，还可以设置纯色背景的信纸，在【信纸背景】列表中选择【纯色背景】选项，然后设置一种颜色即可，如图 4-53 所示。

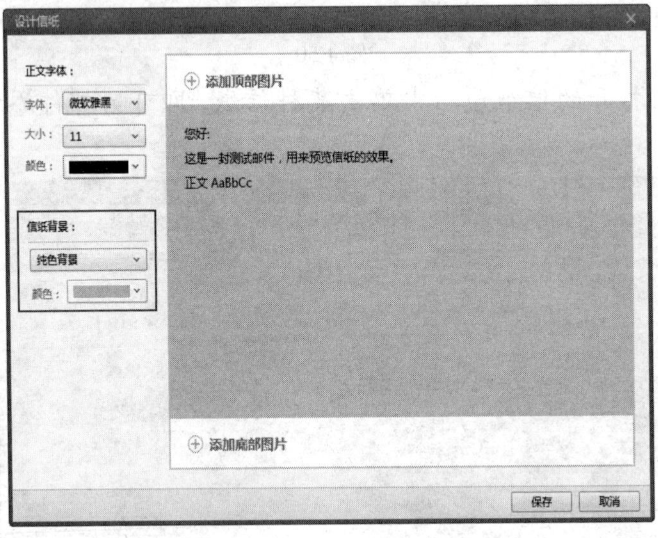

图 4-53

第 6 步 如果要使用图片作为信纸背景，则在【信纸背景】列表中选择【图片背景】选项，然后单击下方的📁按钮，如图 4-54 所示。

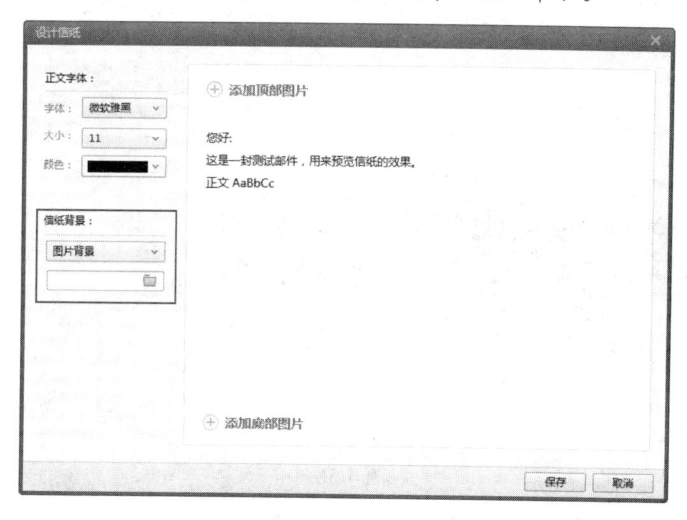

图 4-54

第 7 步 在弹出的【打开】对话框中选择要作为信纸背景的图片，然后单击【打开】按钮，如图 4-55 所示。

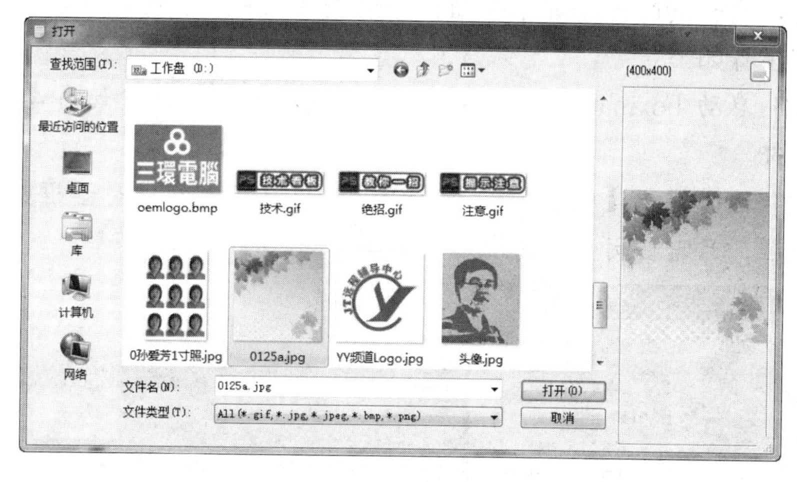

图 4-55

第 8 步 返回到【设计信纸】对话框中，单击【保存】按钮，则在邮件编辑窗口中可以看到自己设置的图片背景，如图 4-56 所示。

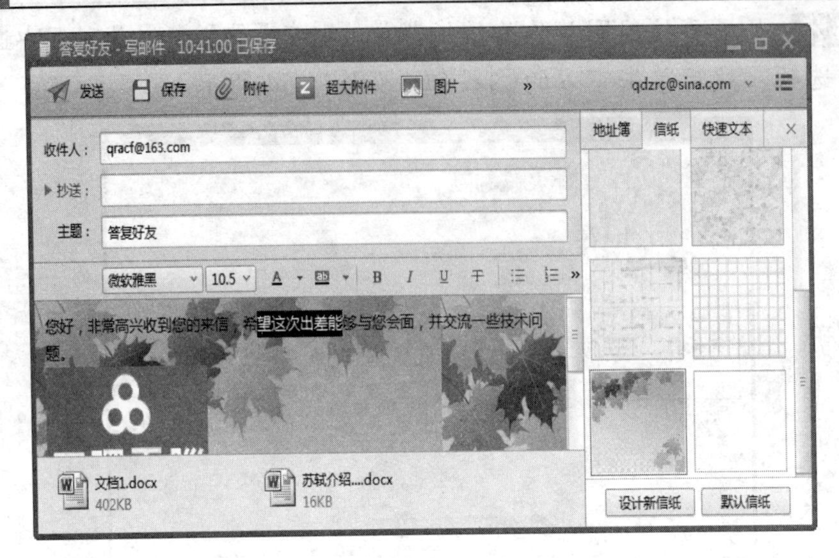

图 4-56

4.4.4 接收与阅读邮件

用户不仅可以通过 Foxmail 发送邮件，还可以接收并阅读他人发来的邮件。收到邮件后，所有的邮件将显示在窗口左侧的【收件箱】中。接收与阅读邮件的具体操作步骤如下：

第 1 步 启动 Foxmail，在工具栏中单击【收取】按钮，如图 4-57 所示，开始接收邮件。

第 2 步 这时弹出【收取邮件】对话框，用户可以在该对话框中看到收取邮件的全过程，只需要耐心等待即可，如图 4-58 所示。

图 4-57

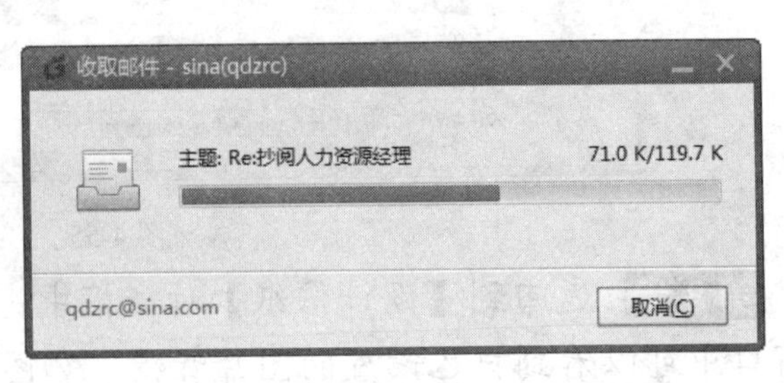

图 4-58

第 3 步 在窗口左侧单击【所有未读】或【收件箱】，则右侧窗口中会显示所有的未读邮件，如图 4-59 所示。

第 4 步 如果要阅读某个邮件，直接在该邮件的主题上单击鼠标，这时可以在窗口中看到具体的邮件内容，如图 4-60 所示。

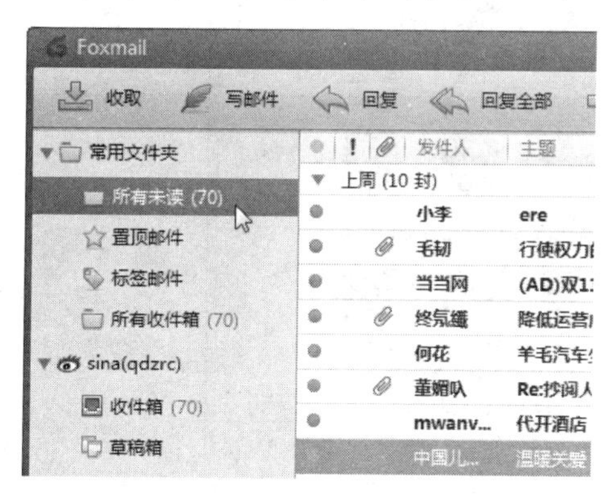

图 4-59

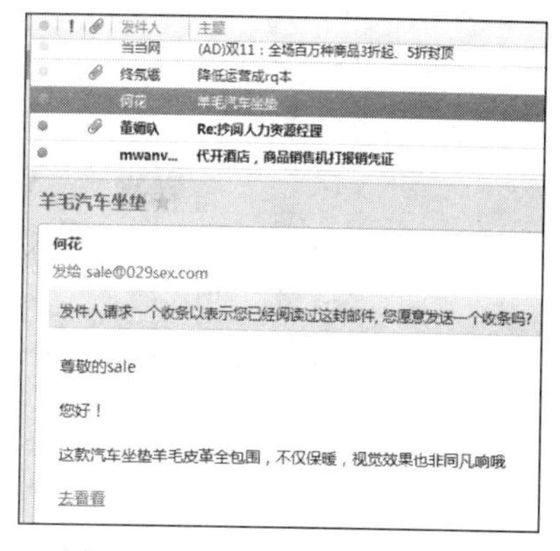

图 4-60

4.4.5 收取附件

如果发送来的邮件中包含附件，我们可以将其下载并保存到本地电脑中，具体操作步骤如下：

第 1 步 在【收件箱】中单击需要下载附件的邮件，如图 4-61 所示。

第 2 步 在窗口下方的窗格中将显示邮件的附件，在附件文件上单击鼠标右键，在弹出的快捷菜单中选择【另存为】命令，如图 4-62 所示。

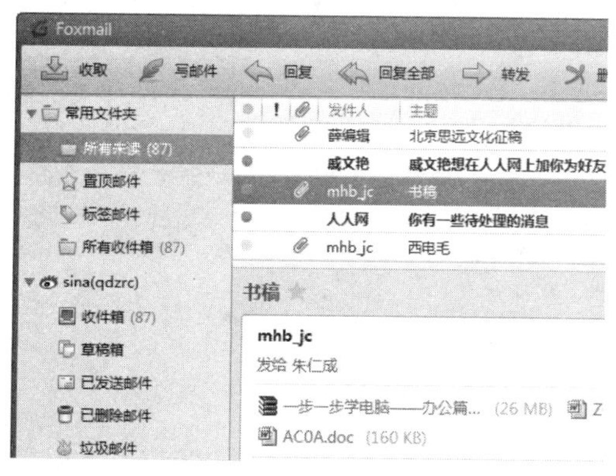

图 4-61

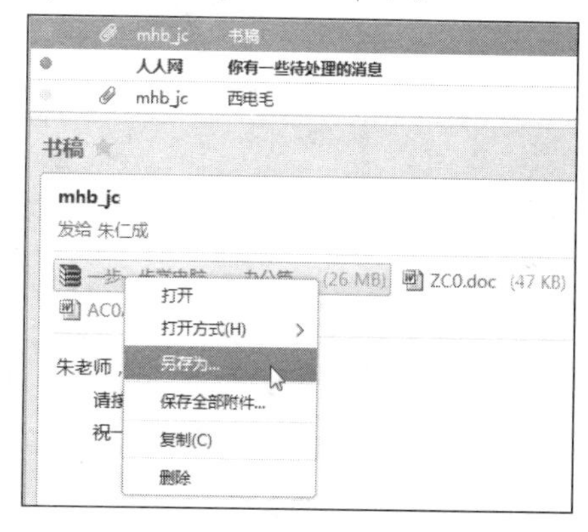

图 4-62

第3步 在弹出的【另存为】对话框中设置附件的保存路径、文件名，然后单击【保存】按钮即可，如图4-63所示。

图4-63

第 5 章　学会下载网络资源

内容导读

网络上的资源无穷无尽，合理地利用这些资源会使我们的生活变得更加方便、更加多彩，所以本章主要介绍了下载网络资源的相关操作方法，内容包括下载方式介绍、使用 IE 浏览器下载、使用专用下载工具(迅雷、电驴、快车)下载等。通过本章的学习，读者可以学会下载网络资源。

本章要点

- 常见的网络下载方式
- 使用 IE 浏览器下载
- 使用迅雷下载
- 使用电驴下载
- 使用快车下载

5.1 常见的网络下载方式

网络下载是互联网的一种重要应用形式，它为广大用户的生活带来了很大方便与乐趣。下面从两个方面介绍常见的网络下载方式。

5.1.1 根据下载途径划分

下载网络资源时，根据下载途径的不同，可以划分为四种常见的下载方式，分别是使用浏览器下载、使用专业软件下载、通过邮件下载和小挪移下载。下面简单介绍每一种下载方式的特点。

1. 使用浏览器下载

这是最普通、最常见的一种下载方式，它操作方便，而且简单直观，很容易理解并被接受。用户在上网浏览过程中，只要单击想下载的超链接，浏览器就会自动启动下载，这时给下载的文件指定一个保存路径即可。这类下载文件通常是 .zip、.rar、.exe 类型的文件。这种方式的下载虽然简单，但是它的弱点也很多，例如功能太少、不支持断点续传、下载速度慢等。

2. 使用专业软件下载

现在最流行的下载方式是使用专门的下载软件进行网络下载，例如迅雷、网际快车、网络蚂蚁、纳米机器人等。由于是专门用于下载文件的工具软件，所以具有很多优点，它使用文件分切技术，把一个文件分成若干份同时进行下载，下载速度快，而且支持断点续传，甚至具有搜索功能。

3. 通过邮件下载

当用户向你的邮箱中发送邮件时，如果添加了附件，这时就可以通过邮箱下载附件，如果是多个附件的话，还可以使用批量下载工具，如 QQ 旋风。

另外还有更专业的邮件下载工具，如 E-mail Truck、Mr Cool 等，只要给它一个文件下载地址和信箱，剩下的工作就是它的了。这种方式有很多不足之处：一是由于邮件下载是有序性的，因此必须依次进行；二是使用 E-mail 传送文件时需要重新编码，收到的文件要比直接下载的大一些。

4. 小挪移下载

小挪移下载就是将一个服务器上的文件移至另一个相对较近、下载速度较快的服务器上，然后再从该服务器上将文件下载下来。工具软件“Webmove”借鉴了网络蚂蚁的操作界面，通过拖动鼠标即可完成各选项的填写，并通过 HTTP 协议提交到小挪移主页中，由小挪移来完成具体的下载工作。

5.1.2 根据下载协议划分

根据网络协议的不同，可以将下载方式分为 HTTP 方式、FTP 方式、RTSP 和 MMS 方式以及 ED2K 方式，下面简要介绍一下。

1. HTTP 方式

HTTP 是最常见的网络下载方式之一。大部分下载网站都采用 HTTP 下载方式。对于这种方式，一般可以通过 IE 浏览器或网际快车、网络蚂蚁等软件来下载。

2. FTP 方式

FTP 是文件传输协议的简称，其作用就是让用户连接上一个远程计算机，查看远程计算机上有哪些文件，然后把文件从远程计算机上拷贝到本地计算机，或者把本地计算机上的文件发送到远程计算机中。这也是一种很常用的网络下载方式。它的标准地址形式就像“ftp://218.79.9.100/down/freezip23.zip”。

3. RTSP 和 MMS 方式

它们分别是由 Real Networks 和微软所开发的两种不同的流媒体传输协议。对于采用这两种方式的影视或音乐资源，原则上只能用 Real player 或 Media player 在线收看或收听，但是为了能够更流畅地欣赏流媒体，网上的各种流媒体下载工具也就应运而生了。

4. ED2K 方式

ED2K 是一种文件共享网络，用于共享音乐、电影和软件等，它是 P2P 软件的专门下载方式，地址由文件名、文件大小和文件 ID 号码三个部分组成，格式为“ed2k://|file|abc.avi|695476224|7792363B4AC1F3763999E930BBF3D1|”，这种地址一定要通过 eMule 等 P2P 软件才能进行下载。

5.2 使用 IE 浏览器下载

网络上的资源无穷无尽，合理地利用这些资源会使我们的生活变得更加方便、更加多彩。下载网络资源的方法与工具多种多样，使用 IE 浏览器可以直接将网络中的信息资源(如电影、软件等)下载至本地电脑中，下载后用户可以直接在电脑中按照下载时的保存路径打开查看。

5.2.1 使用 IE 浏览器下载资源

下载资源前，首先要找到提供资源下载的网页及其中的下载超链接，然后单击它就可以下载了。使用 IE 浏览器直接下载网络资源的具体操作步骤如下：

第 1 步 打开包含下载内容的网页，在网页中单击下载的超链接，在网页下方将弹出一个信息条，如图 5-1 所示。

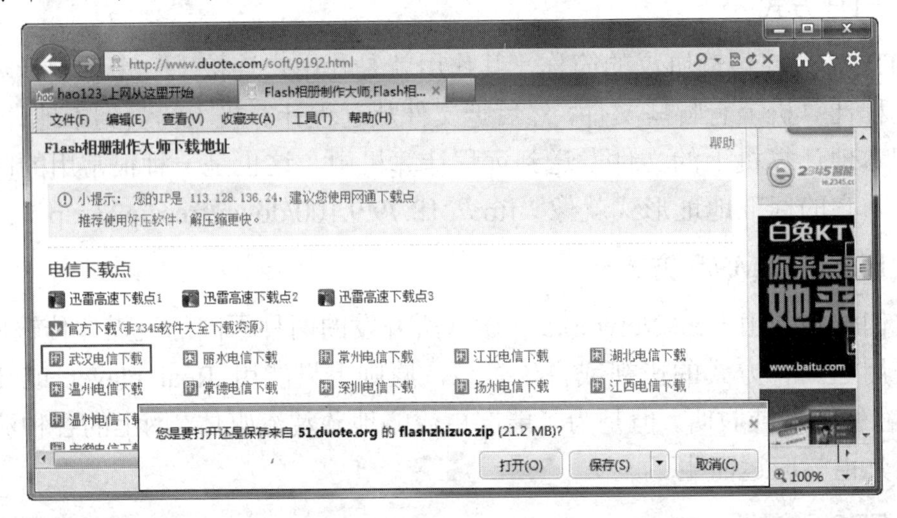

图 5-1

第 2 步 在信息条中单击【保存】按钮，或者单击【保存】按钮右侧的小三角，在打开的列表中选择【另存为】命令。

第 3 步 在弹出的【另存为】对话框中选择保存文件的位置、文件名称和保存类型，如图 5-2 所示。

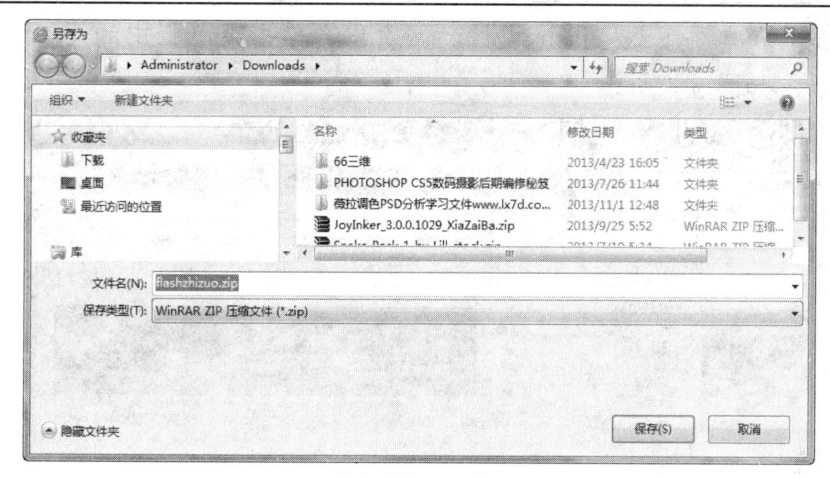

图 5-2

第 4 步 单击【保存】按钮可以看到下载进度，这个过程需要等待，下载的快慢与文件大小、网速有关。完成下载后，信息条中的按钮发生变化，如图 5-3 所示，单击【打开文件夹】按钮，可以在相应的文件夹中看到下载的文件。

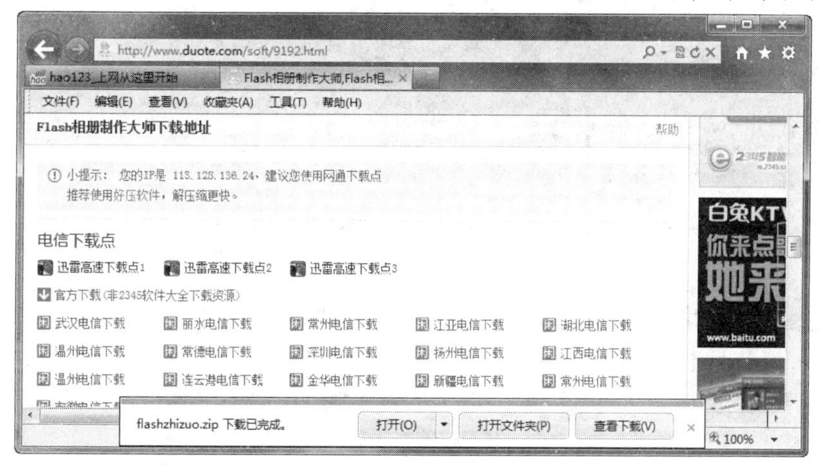

图 5-3

5.2.2 使用网页中的 Flash 文件

在上网浏览的过程中，经常会发现一些漂亮的 Flash 动画，但是网页中并没有提供下载 Flash 的超链接，这时可以通过查看网页源代码找到 Flash 文件的下载地址，然后将其复制到专门的下载软件中进行下载即可，具体操作步骤如下：

第1步 在需要下载 Flash 文件的网页中，单击菜单栏中的【查看】/【源文件】命令，如图 5-4 所示。

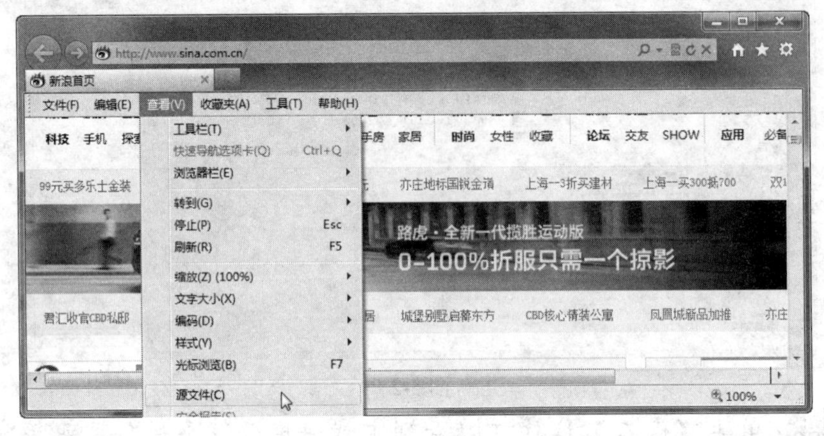

图 5-4

第2步 在打开的记事本程序中可以看到网页的 HTML 代码，单击菜单栏中的【编辑】/【查找】命令，如图 5-5 所示。

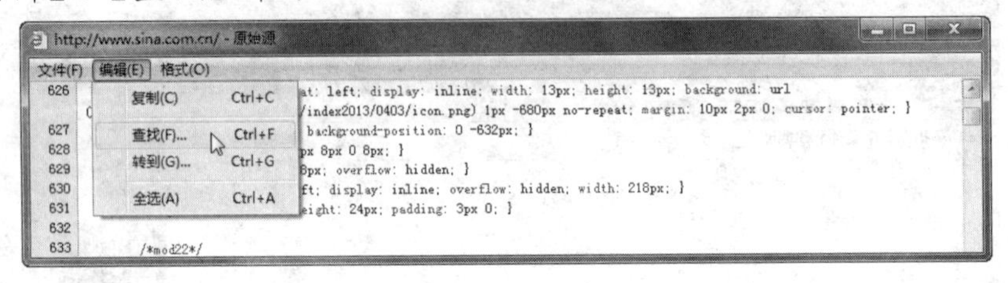

图 5-5

第3步 在弹出的【查找】对话框中输入 Flash 文件的后缀名“swf”，然后单击【下一个】按钮，如图 5-6 所示。

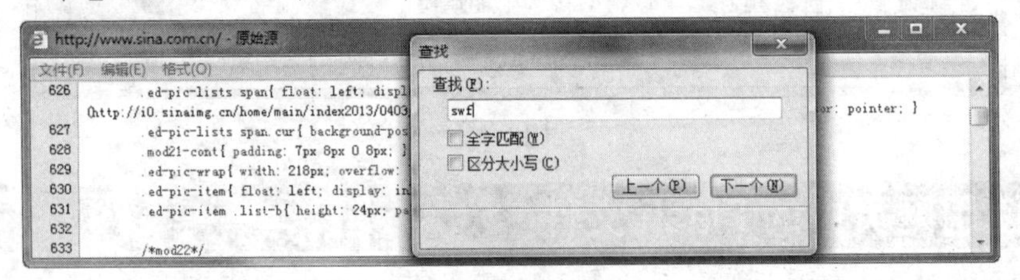

图 5-6

第4步 在记事本中即可看到符合查找条件的内容以高亮显示，这时关闭【查找】对话框即可，如图 5-7 所示。

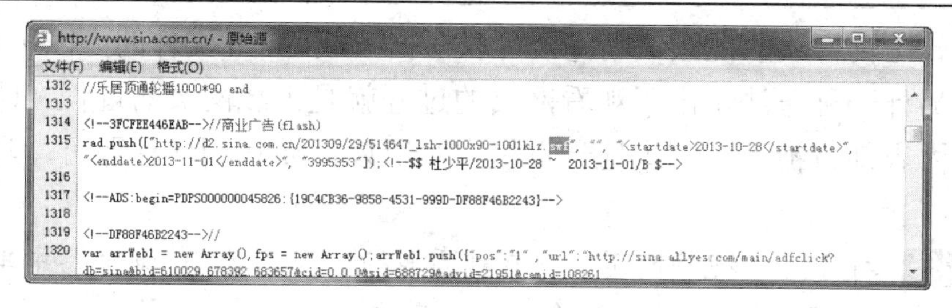

图 5-7

第 5 步 选择整个地址，然后单击鼠标右键，在弹出的快捷菜单中选择【复制】命令，如图 5-8 所示。

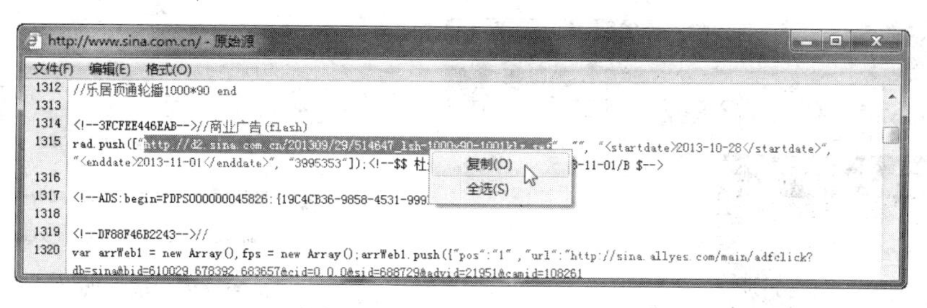

图 5-8

第 6 步 启动专业下载软件，如迅雷，然后新建一个下载任务，将复制的网址添加到下载任务中即可进行下载，如图 5-9 所示。

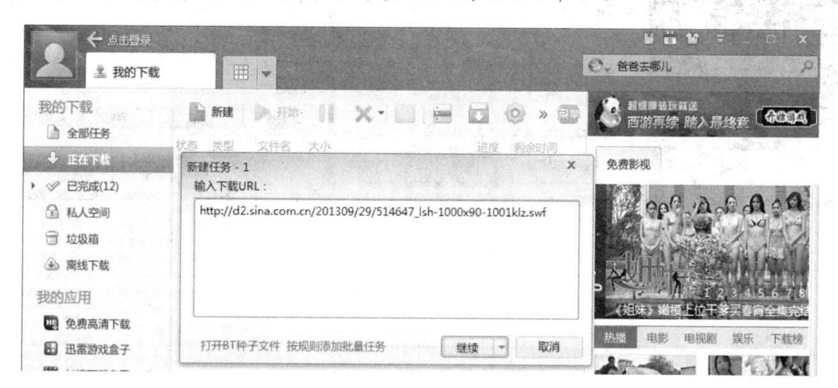

图 5-9

5.2.3 下载网页中的视频文件

现在的视频网站非常多，视频格式多为 FLV 格式、MP4 格式或 WMA 格式。

如果要下载比较喜欢的视频，则完全可以根据下载 Flash 文件的方法进行下载。下面介绍另外一种方法，由于观看网页的过程就是下载网页的过程，即我们看到的所有内容都将被下载到本地计算机中，所以只要找到文件即可，具体操作步骤如下：

第 1 步 打开一个视频网页，一直观看结束，然后在 IE 浏览器中单击菜单栏中的【工具】/【Internet 选项】命令，如图 5-10 所示。

第 2 步 在弹出的【Internet 选项】对话框中切换到【常规】选项卡，在【浏览历史记录】选项组中单击【设置】按钮，如图 5-11 所示。

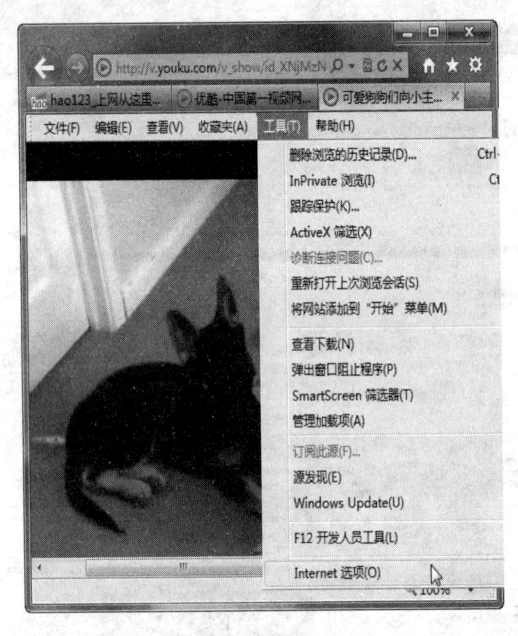

图 5-10

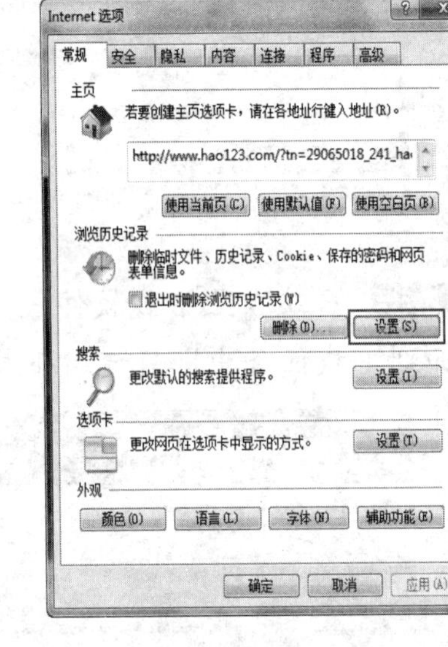

图 5-11

智慧锦囊

实际上，浏览网页的过程就是下载的过程，当我们浏览某一个网页时，网页中的图片、动画、视频等都会下载到“Temporary Internet Files”文件夹中。这是一个专门用于放置网络临时文件的地方，上网时间久了，这里的文件会非常多，所以定期清理这些临时文件有助于提高电脑的运行速度。

第 3 步 在弹出的【Internet 临时文件和历史记录设置】对话框中再单击【查看文件】按钮，如图 5-12 所示。

第 4 步 这时将打开 Internet 临时文件窗口，在该窗口中按时间顺序排列文件，根据下载时间、文件大小与格式可以判断出哪个文件是刚才的视频文件，如图 5-13 所示，将其复制到指定文件夹中即可。

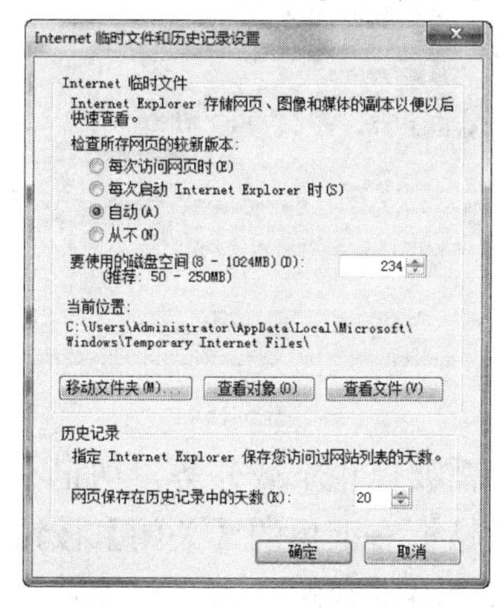

图 5-12

图 5-13

5.2.4 IE 浏览器下载的断点续传

断点续传是指在下载过程中若遇到网络故障，可以从已经下载的部分开始继续下载，而不是从头开始下载。这是一项非常实用的技术，当文件比较大，无法一次完成下载时，断点续传的作用就会彰显出来。

因为 IE 浏览器在下载文件时会先将文件保存到临时文件夹中，因此要让 IE 浏览器实现断点续传功能，首先要保证关闭 IE 浏览器时不自动清空 Internet 临时文件夹，具体设置方法如下：

第 1 步 打开 IE 浏览器，单击菜单栏中的【工具】/【Internet 选项】命令，如图 5-14 所示。

第 2 步 在弹出的【Internet 选项】对话框中切换到【高级】选项卡，在【设置】列表框中取消【关闭浏览器时清空“Internet 临时文件”文件夹】复选框，然后单击【确定】按钮，如图 5-15 所示。

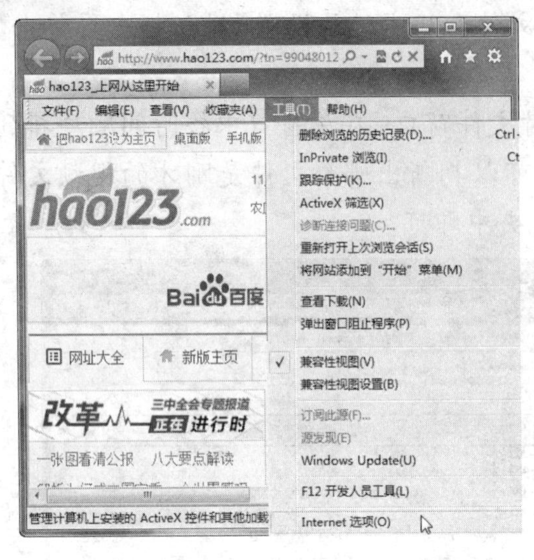

图 5-14

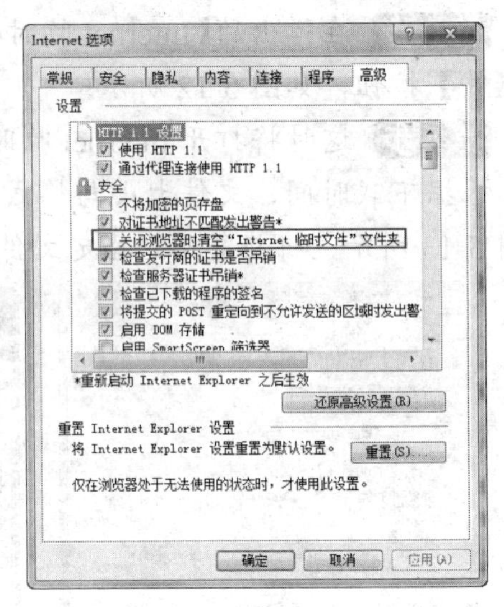

图 5-15

进行上述设置后，在下载文件过程中如果需要停止下载任务，切记不能单击下载对话框中的【取消】按钮，而要单击对话框右上角的【关闭】按钮，否则不能进行断点续传。当需要再次续传时，只要将保存路径和名称设置与前一次相同即可，这样就可以让 IE 浏览器实现断点续传。

5.3 使用迅雷下载

使用 IE 浏览器下载容量较大的网络资源时往往速度比较慢，此时可以选择使用迅雷下载软件，它是一款新型的基于 P2SP 的下载软件，可以大幅提高下载速度，并且完全免费。

5.3.1 安装迅雷软件

要使用迅雷工具下载网络资源，就必须先安装迅雷软件。该软件是免费的，最新版本是迅雷 7.9。在迅雷网站或其他软件下载网站上下载迅雷安装程序后，安装到本地计算机中，就可以使用它下载资源了。迅雷软件的具体安装步骤如下：

第 1 步 双击迅雷安装程序，在弹出的安装向导对话框中单击【快速安装】按钮，如图 5-16 所示。

第 2 步 这时迅雷程序开始安装，如图 5-17 所示，程序默认安装路径在 C 盘，安装过程中需要等待一段时间才可以完成。

图 5-16

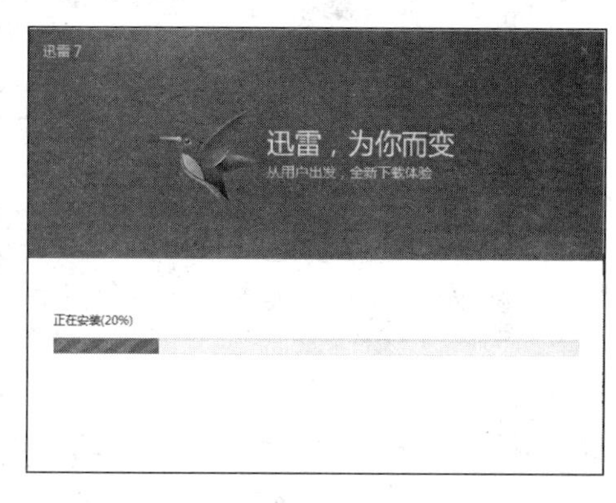

图 5-17

第 3 步 安装完成后，根据需要选择附加选项，如果不希望安装这些附加选项，取消即可，如图 5-18 所示。

第 4 步 单击【立即体验】按钮即可启动迅雷软件，如图 5-19 所示。

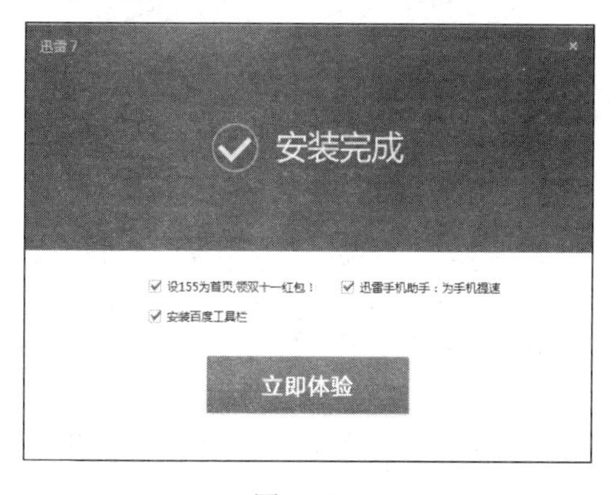

图 5-18

图 5-19

5.3.2 使用右键下载

使用迅雷下载网络资源可以直接在下载地址上单击鼠标右键，在弹出的快捷菜单中选择【使用迅雷下载】命令，具体操作方法如下：

第 1 步 在打开的网页中找到要下载的超链接，单击鼠标右键，在弹出的快捷菜单中选择【使用迅雷下载】命令，如图 5-20 所示。

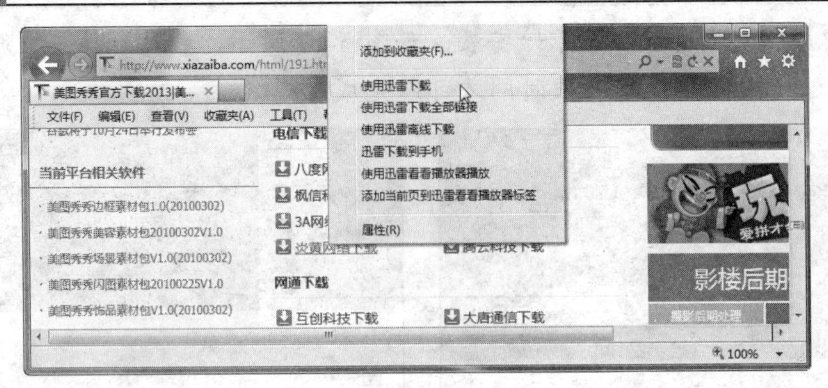

图 5-20

第 2 步 在弹出的【新建任务】对话框中单击【自定义】按钮，然后在保存路径右侧单击【浏览】按钮，如图 5-21 所示。

第 3 步 在弹出的【浏览文件夹】对话框中选择保存下载文件的位置并确认，如图 5-22 所示。

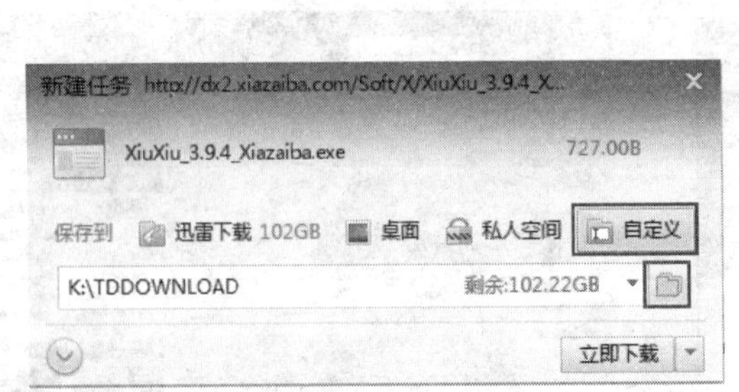

图 5-21

图 5-22

第 4 步 单击【立即下载】按钮开始下载，这时桌面右上方的迅雷悬浮窗中将显示下载进度与速度。

智慧锦囊

启动迅雷以后，桌面的右上角会出现一个悬浮窗小图标，当下载资源时，这里会显示下载速度。双击该悬浮窗图标，可以打开迅雷程序的主界面，在其中可以进行下载、暂停、删除等操作。

另外，有的下载网站会专门提供使用迅雷下载的超链接，如图 5-23 所示，这时只要单击该超链接，就会启动迅雷并弹出【新建任务】对话框，单击其中的【立即下载】按钮即可，如图 5-24 所示。

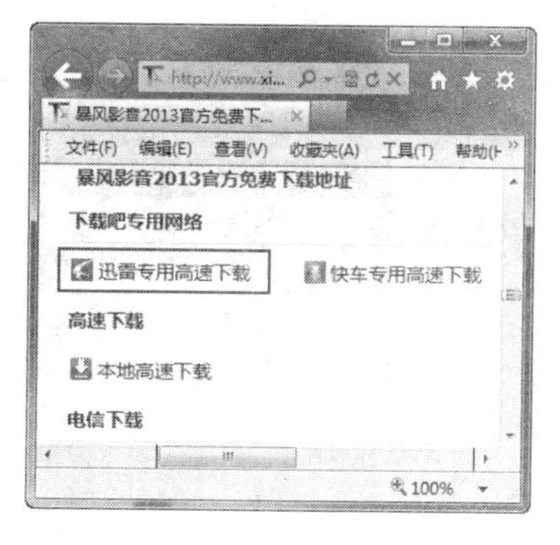

图 5-23

图 5-24

5.3.3 使用主界面下载

除了前面介绍的通过快捷菜单进行下载以外，用户还可以在迅雷的主界面中通过新建下载任务完成下载操作，具体的操作步骤如下：

第 1 步 在网页中的下载地址超链接上单击鼠标右键，在弹出的快捷菜单中单击【属性】命令，如图 5-25 所示。

第 2 步 在弹出的【属性】对话框中选中 URL 地址，并单击鼠标右键，在弹出的快捷菜单中选择【复制】命令，如图 5-26 所示。

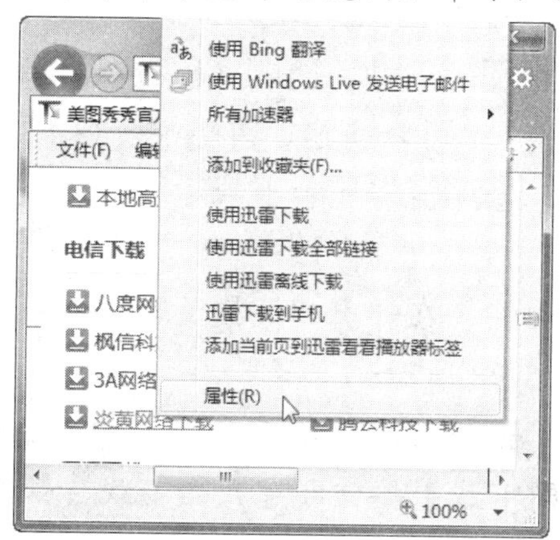

图 5-25

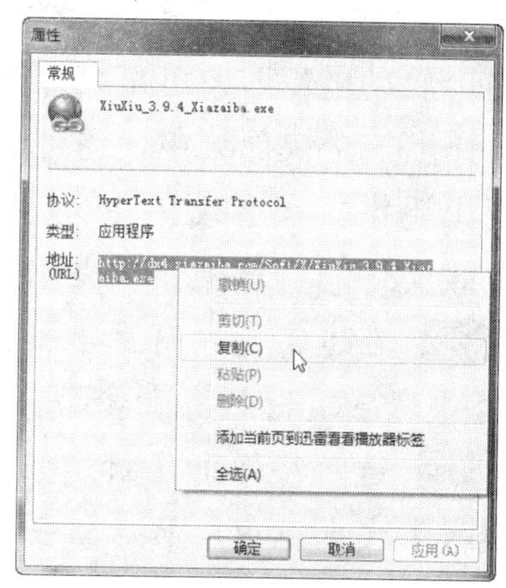

图 5-26

第 3 步 启动迅雷软件，打开迅雷主界面，然后在工具栏中单击【新建】按钮，这时弹出【新建任务】对话框，其中【下载链接】文本框中会自动出现下载地址，选择保存位置，单击【立即下载】按钮开始下载，如图 5-27 所示。

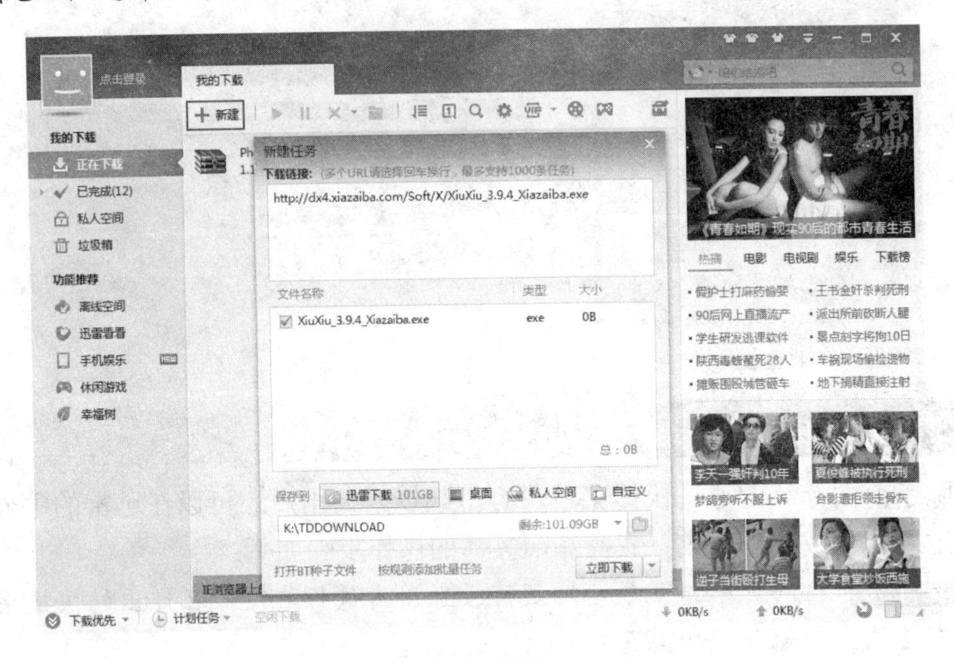

图 5-27

5.3.4 使用悬浮窗下载

当用户启动迅雷时，迅雷悬浮窗 也随之启动，使用鼠标右键单击此悬浮窗，可以弹出一个快捷菜单，通过该快捷菜单可以新建、暂停、开始下载任务，还可以退出迅雷。在下载文件的过程中，悬浮窗将显示下载速度与进度。使用悬浮窗下载文件的具体操作步骤如下：

第 1 步 在迅雷悬浮窗上单击鼠标右键，在弹出的快捷菜单中选择【新建任务】/【普通/eMule 任务】命令，如图 5-28 所示。

第 2 步 这时将弹出【新建任务】对话框，将需要下载的文件地址粘贴到【下载链接】文本框中，然后单击【立即下载】按钮即可开始下载，如图 5-29 所示。

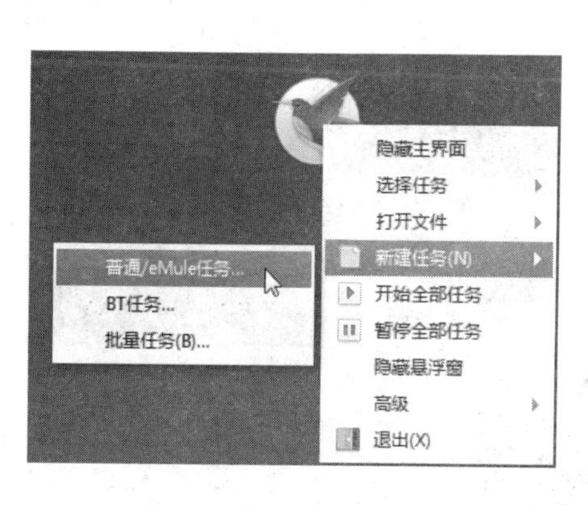

图 5-28

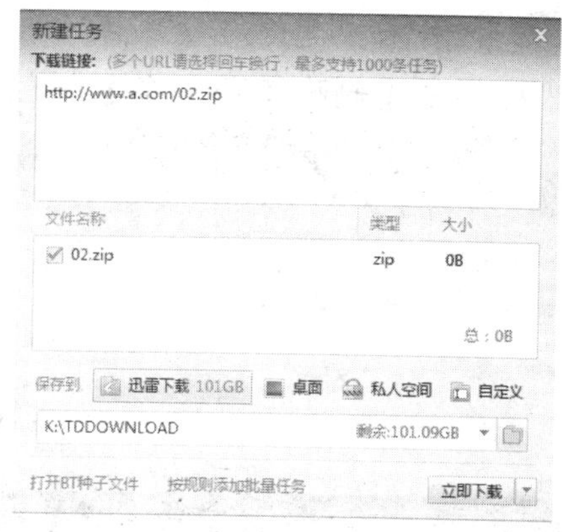

图 5-29

5.3.5 自由控制下载任务

在下载网络资源的过程中，用户可以自由控制下载进程，如暂停、开始或删除下载任务等，具体操作步骤如下：

第 1 步 在下载列表中选择要控制的下载任务，然后单击【暂停下载任务】按钮，可以暂停下载进程，如图 5-30 所示。

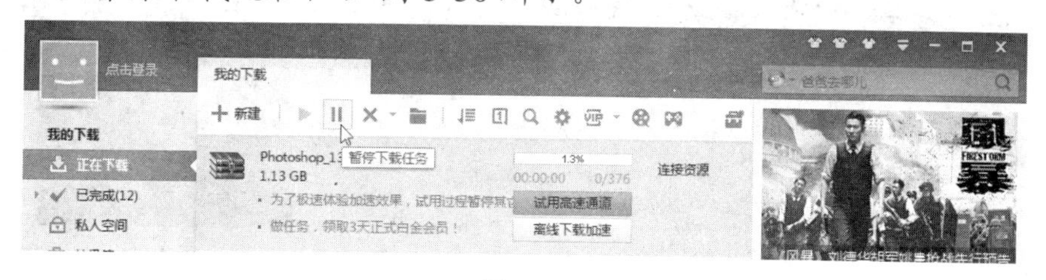

图 5-30

第 2 步 如果要重新开始下载任务，则选中已经暂停的下载任务，再单击【开始下载任务】按钮，这时将在上一次的基础上继续下载，如图 5-31 所示。

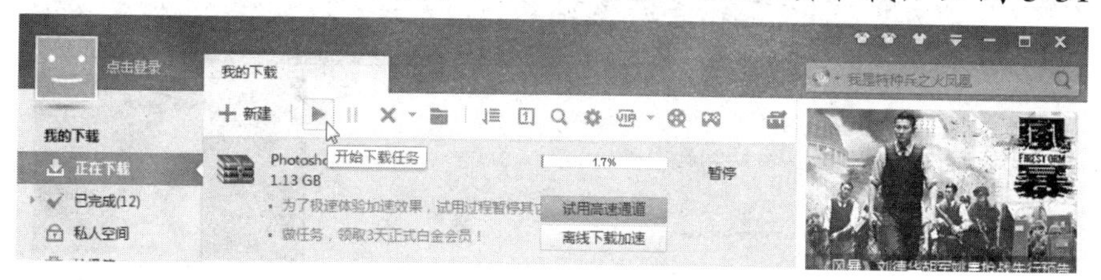

图 5-31

第 3 步 如果不想继续下载某个文件，可以将其删除。选择要删除的下载任务，然后单击【删除下载任务】按钮即可，如图 5-32 所示。

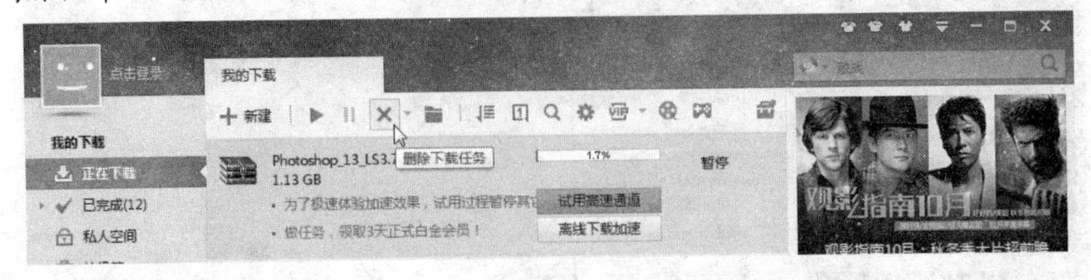

图 5-32

5.3.6 查看下载任务

在使用迅雷下载网络资源的过程中，可以随时对下载任务进行查看，其中包括正在下载的任务、已经完成的下载任务、删除的下载任务等。查看下载任务的具体操作步骤如下：

第 1 步 启动迅雷软件，打开迅雷主界面。在主界面的左侧有一个分类【我的下载】，选择【正在下载】选项，可以查看还没有完成的下载任务，如图 5-33 所示。

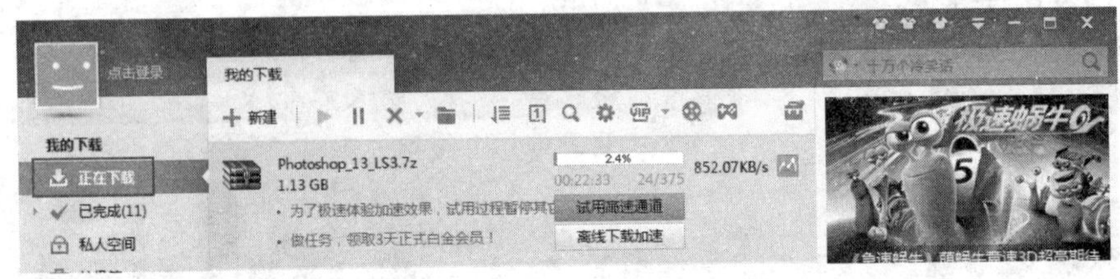

图 5-33

第 2 步 在【我的下载】分类中选择【已完成】选项，可以查看已经完成的下载任务，如图 5-34 所示。

图 5-34

第 3 步 在【我的下载】分类中选择【垃圾箱】选项，可以查看被删除的下载任务，如图 5-35 所示。

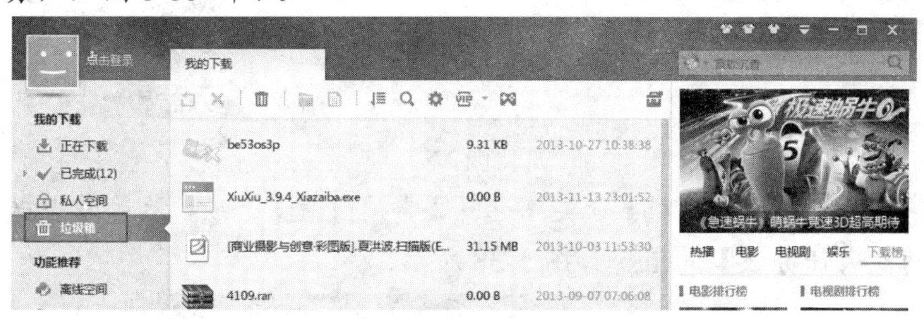

图 5-35

5.3.7 搜索下载资源

使用迅雷下载网络资源时，常用的方法是在网页中找到资源的下载超链接，然后再使用迅雷工具进行下载。实际上，迅雷中集成了搜索功能，可以直接搜索下载资源。

在迅雷主界面的右上方有一个快速搜索文本框，直接输入搜索关键字，如图 5-36 所示，然后按下回车键即可进行搜索。

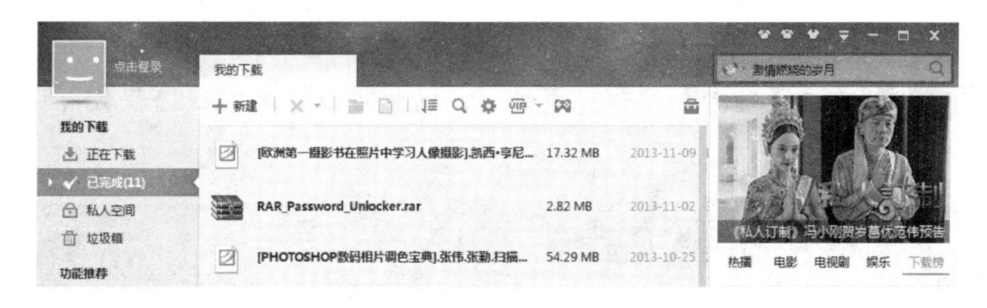

图 5-36

5.3.8 提高迅雷的下载速度

使用迅雷下载文件时，如果下载速度太慢，可以通过增加下载进程数目来提高迅雷的下载速度，具体操作步骤如下：

第 1 步 在迅雷主界面中单击工具栏中的【配置】按钮，如图 5-37 所示，则弹出【系统设置】对话框。

图 5-37

第 2 步 在【我的下载】分类下选择【常用设置】选项，然后适当提高【同时下载的最大任务数】的值，如图 5-38 所示。

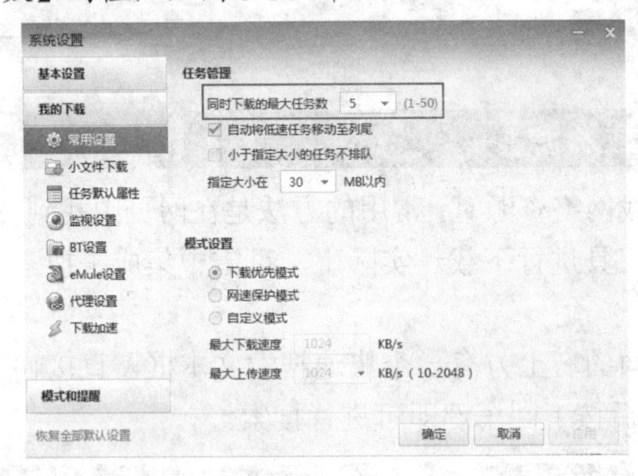

图 5-38

第 3 步 单击【确定】按钮完成设置，这样可以增加下载进程数，提高下载速度。

5.4 使用电驴下载

电驴是一种点对点(P2P)文件共享客户端软件。用户把自己的计算机连接到电驴服务器上，而服务器则收集其他用户的共享文件信息，并为用户提供 P2P 下载方式。所以，电驴既是客户端，也是服务器。

5.4.1 安装电驴

VeryCD 是基于开放源码 P2P 网络共享软件电驴的媒体资源网站，并使用电驴作为基本共享客户端，为用户提供了庞大、便捷和人性化的资源分享。下载这些资源，需要先安装电驴工具软件，安装步骤如下：

第 1 步 下载电驴工具软件，然后双击安装程序，则出现安装向导对话框，如图 5-39 所示。

第 2 步 单击【下一步】按钮，则出现安装向导的许可证协议页面，如图 5-40 所示。

图 5-39

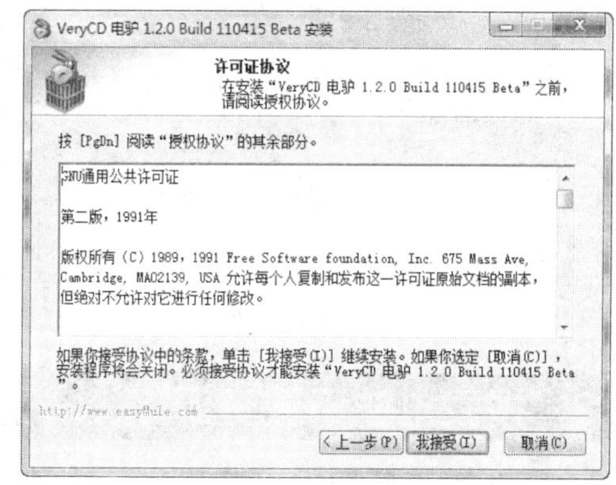

图 5-40

第 3 步 这时必须单击【我接受】按钮，才会继续安装，并出现安装向导的选择组件页面，如图 5-41 所示。

第 4 步 根据需要选择要安装的组件，然后单击【下一步】按钮，则出现安装向导的选择安装位置页面，如图 5-42 所示。

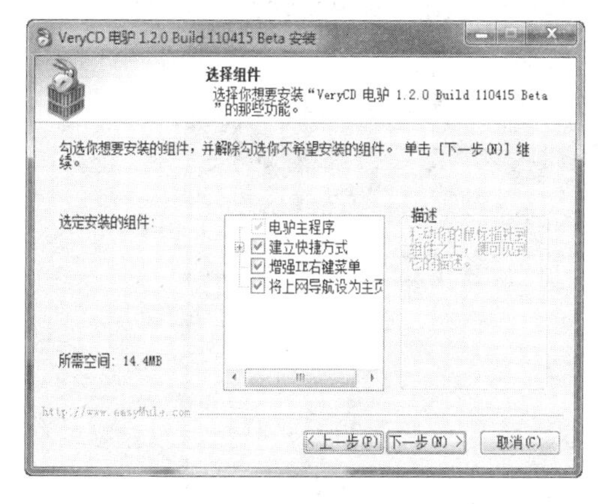

图 5-41

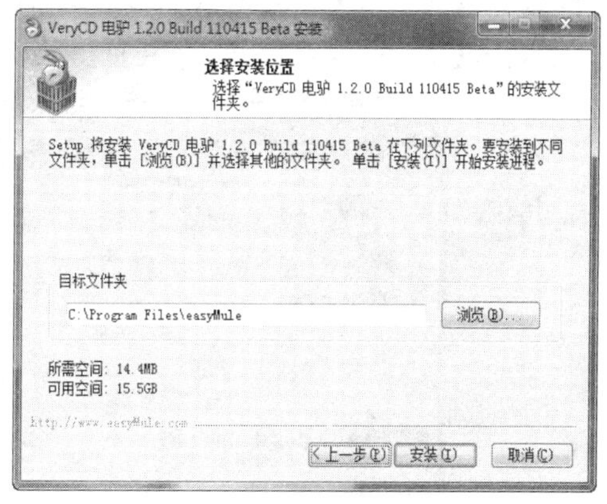

图 5-42

第5步 设置好安装路径以后，单击【安装】按钮，则程序开始安装，同时显示安装进度，如图5-43所示。

第6步 安装完成以后，单击【完成】按钮即可，如图5-44所示。

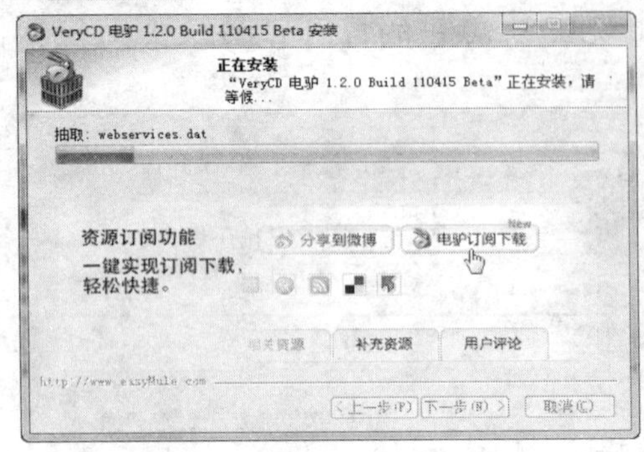

图5-43

图5-44

5.4.2 搜索电驴下载资源

这里介绍两种搜索下载资源的方法：一是在 VeryCD 网站中进行搜索；二是在电驴软件中进行搜索。

1. 在 VeryCD 网站中搜索

VeryCD 网站是最著名的电驴资源下载网站，内容非常丰富，在该网站中可以搜索到相应的下载资源，具体操作步骤如下：

第1步 启动 IE 浏览器，在地址栏中输入 http://www.verycd.com，然后回车进入 VeryCD 分享互联网的主页，如图5-45所示。

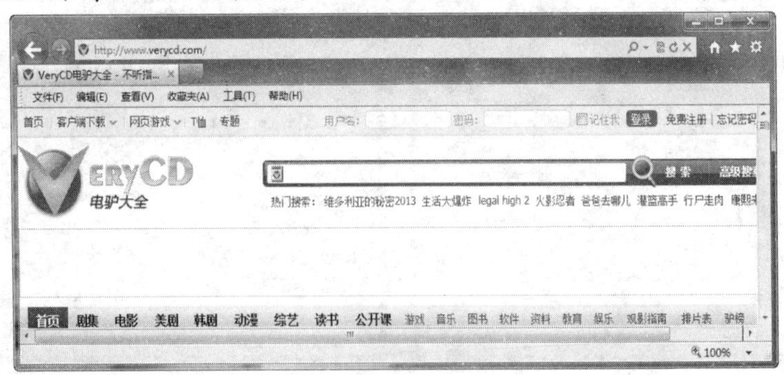

图5-45

第 2 步 在主页上方的搜索文本框中输入要搜索的内容，如图 5-46 所示，然后单击【搜索】按钮，即可得到要查找的内容。

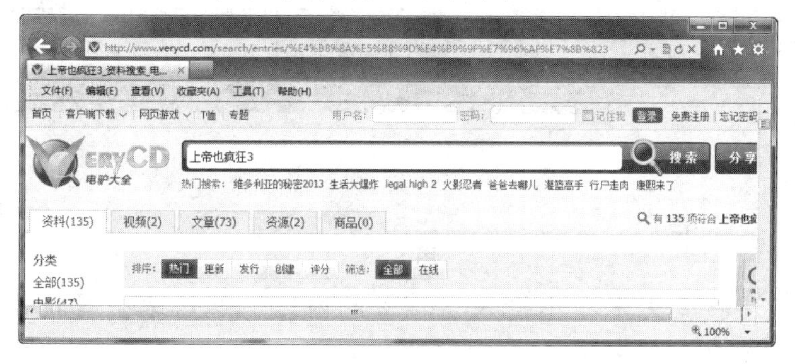

图 5-46

2. 在电驴软件中进行搜索

实际上，电驴软件与 VeryCD 网站已经整合为一体，当启动电驴软件以后，用户可以看到【资源】选项卡中就是 VeryCD 网站的内容，在这里也可以进行资源搜索，如图 5-47 所示，操作方法与前面相同。

图 5-47

除此以外，电驴软件还提供了专门的【搜索】选项卡，使用它可以对整个互联网进行全局搜索，从而得到所需要的电驴下载资源，具体操作步骤如下：

第 1 步 在桌面上双击“电驴”快捷方式图标，启动电驴软件，然后切换到【搜索】选项卡，如图 5-48 所示。

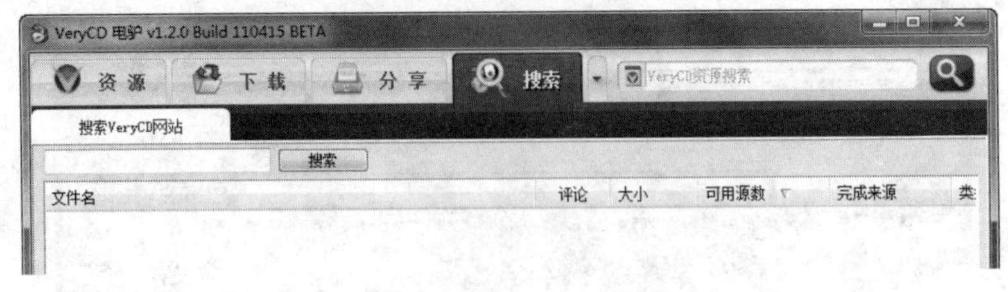

图 5-48

第 2 步 在搜索文本框中输入要搜索的内容，然后单击【搜索】按钮，即可得到相关的内容，如图 5-49 所示。

图 5-49

5.4.3 使用电驴下载资源

搜索到下载资源以后，可以根据情况使用不同的操作方法进行下载。最新版本的电驴除了对传统的 ED2K 协议的支持外，还能对 HTTP、FTP 等普通下载协议进行完美的支持。下面分不同的情况介绍下载方法。

1. 在资源下载页面中下载

通过 VeryCD 网站搜索到的资源往往都提供了一个详细的资源下载页面，在这里可以按如下步骤进行操作：

第 1 步 进入详细的资源下载页面后，会看到一个电驴资源列表框，如图 5-50 所示。

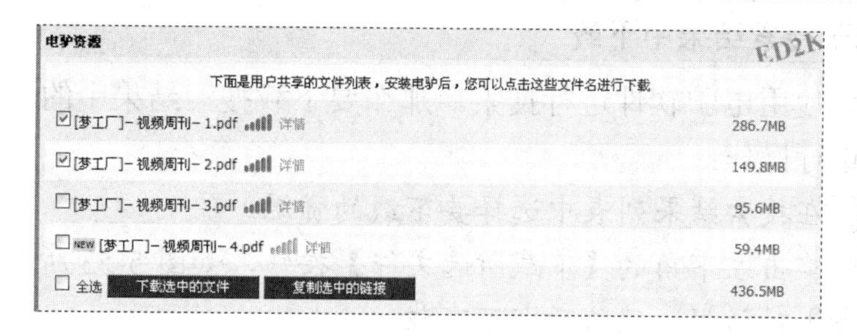

图 5-50

智慧锦囊

现在 VeryCD 网站上的资源，大部分都提示“该内容尚未提供权利证明，无法提供下载”的版权声明，用户只有升级到“铜盘 2”级别才可以看到下载地址。

第 2 步 选择要下载的文件，然后单击【下载选中的文件】按钮，在弹出的【添加任务】对话框中显示了要添加的下载任务，如图 5-51 所示。

第 3 步 单击【确定】按钮，则下载资源被添加到下载列表中，同时开始下载，如图 5-52 所示。

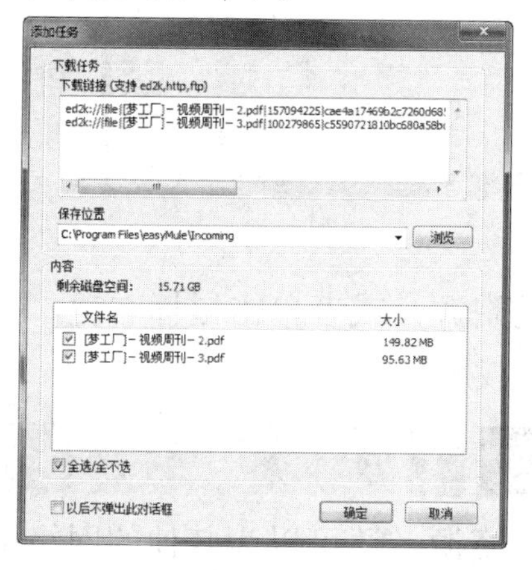

图 5-51

图 5-52

除了上述操作以外，也可以直接单击要下载的文件，或者单击【复制选中的链接】按钮，这时也将弹出【添加任务】对话框。另外还可以在下载链接上单击鼠标右键，在弹出的快捷菜单中选择【使用电驴下载】命令来下载。

2. 在电驴搜索结果中下载

如果我们使用电驴软件进行搜索，那么要下载搜索结果中的资源，可以按照如下步骤进行操作：

第1步 在搜索结果列表中选择要下载的资源。

第2步 单击左下角的【下载所选文件】按钮，如图5-53所示，这时将弹出【添加任务】对话框，确认后即可下载。

图5-53

另外，在搜索结果列表中双击要下载的资源，或者单击鼠标右键，在弹出的快捷菜单中选择【下载】命令，也可以下载所选的资源。

5.4.4 使用电驴上传资源

用户使用电驴不仅可以轻松地下载网络资源，还可以为其他的网络用户上传丰富而有价值的网络资源，具体操作步骤如下：

第1步 启动电驴软件，然后切换到【分享】选项卡。

第2步 在窗口的左侧选择要共享的文件夹并单击鼠标右键，在弹出的快捷菜单中选择【共享此目录】命令，如图5-54所示。

智慧锦囊

默认的共享文件夹是 C:\Program Files\eMule\Incoming。可以再添加共享文件夹，共享后即可上传文件夹中的相关资料，在该窗口中可以看见所有共享文件的信息。

第 3 步 如果用户要取消文件的共享，可以在窗口左侧的共享文件夹上单击鼠标右键，在弹出的快捷菜单中选择【取消共享此目录】命令即可，如图 5-55 所示。

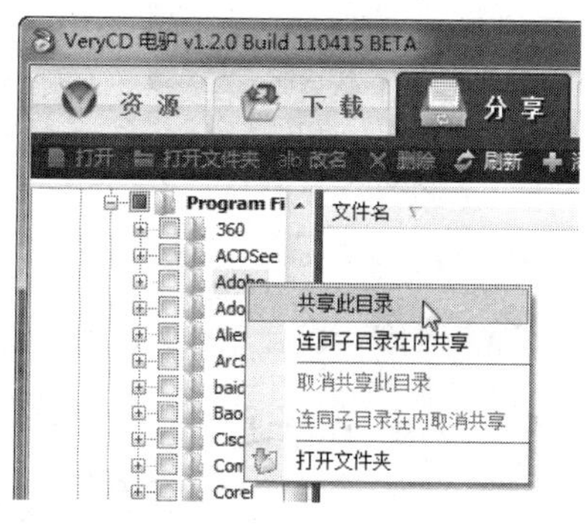

图 5-54

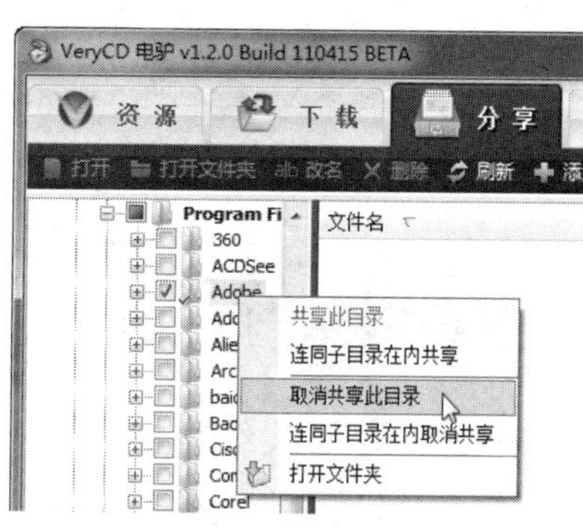

图 5-55

5.4.5 确定下载文件的保存位置

使用电驴下载资源时，通常情况下将直接下载到默认路径中。对于刚使用电驴的用户来说，很可能找不到下载的文件到底存放在什么位置，此时可以通过【选项】对话框进行查看，具体操作步骤如下：

第 1 步 启动电驴软件，单击【搜索】选项卡右侧的小三角，在打开的下拉列表中选择【选项】选项，如图 5-56 所示。

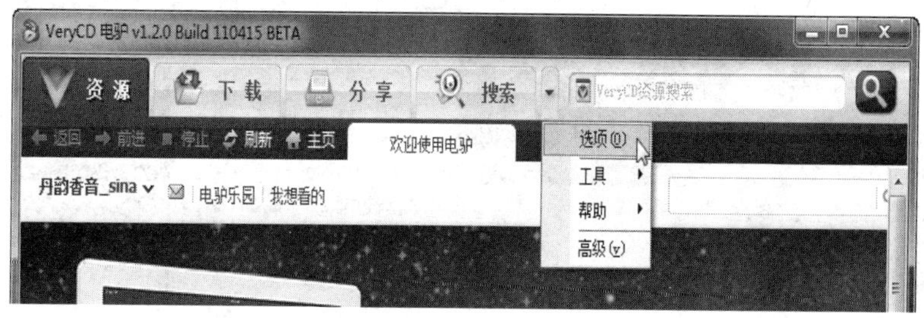

图 5-56

第 2 步 在弹出的【选项】对话框的左侧选择【目录】选项，在对话框的右侧即可看到默认保存目录,如图 5-57 所示。按照该路径就可以找到下载的文件了。

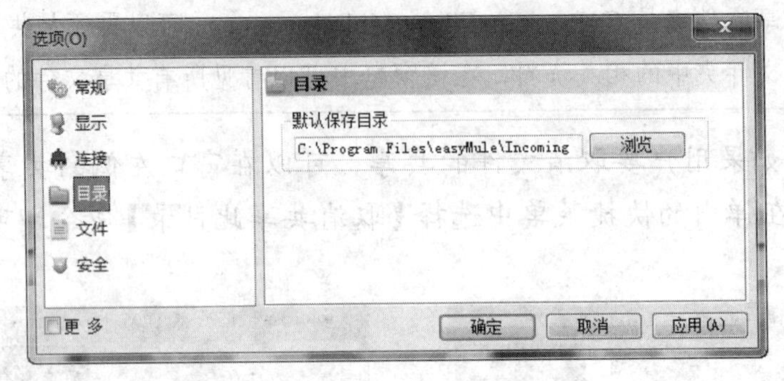

图 5-57

5.5 使用快车下载

快车是一个多线程及续传下载软件，其下载速度比普通下载软件快 6~10 倍，因为它的性能好、功能多、下载速度快，所以深受人们的喜爱。快车的最新版本是快车 3.7，可以到官方网站免费下载。

5.5.1 使用快车下载资源

快车也是一个非常流行的下载工具，其使用方法与迅雷相差无几，只是在功能上各有千秋。使用快车下载资源的操作步骤如下：

第 1 步 首先启动快车软件，单击菜单栏中的【文件】/【新建普通任务】命令，如图 5-58 所示。

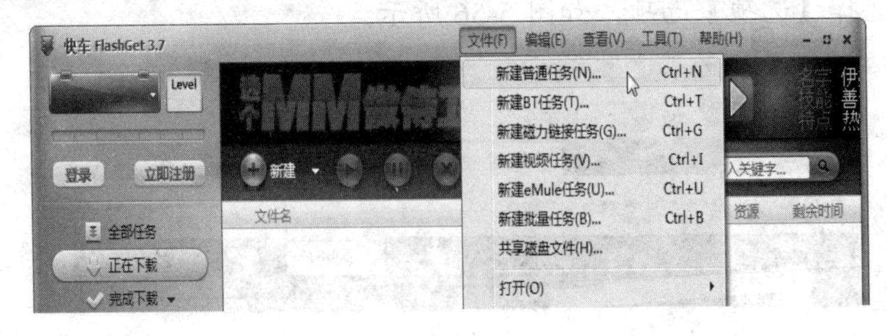

图 5-58

第 2 步 这时将弹出【新建任务】对话框，将文件的下载链接地址粘贴到【下载网址】文本框中，并设置好文件名称，如图 5-59 所示。

第 3 步 单击【下载到】下拉列表右侧的【浏览】按钮，在弹出的【浏览文件夹】对话框中设置好文件的下载路径，如图 5-60 所示。

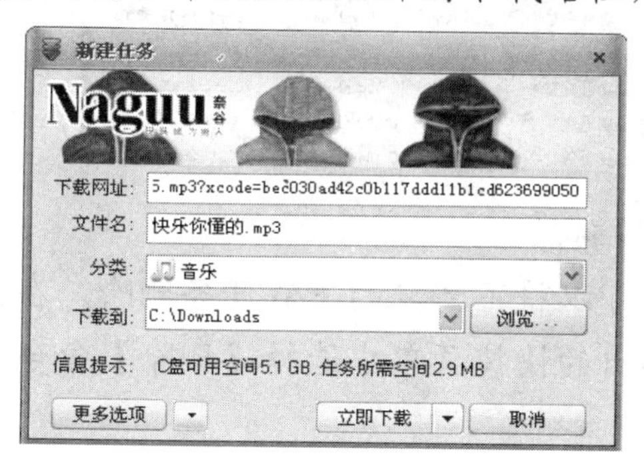

图 5-59

图 5-60

第 4 步 单击【确定】按钮，返回【新建任务】对话框，再单击【立即下载】按钮即可自动下载了。

5.5.2 管理下载任务

使用快车下载网络资源后，可以通过界面左侧的列表查看与管理下载任务，具体操作步骤如下：

第 1 步 启动快车软件，在界面左侧的列表中单击【正在下载】按钮，则右侧的下载任务列表中将显示正在下载的任务，如图 5-61 所示。

图 5-61

第 2 步 如果要查看已经完成下载的任务，可以在左侧的列表中单击【完成下载】按钮，这时右侧的下载任务列表中将显示已经完成下载的任务，如图 5-62 所示。

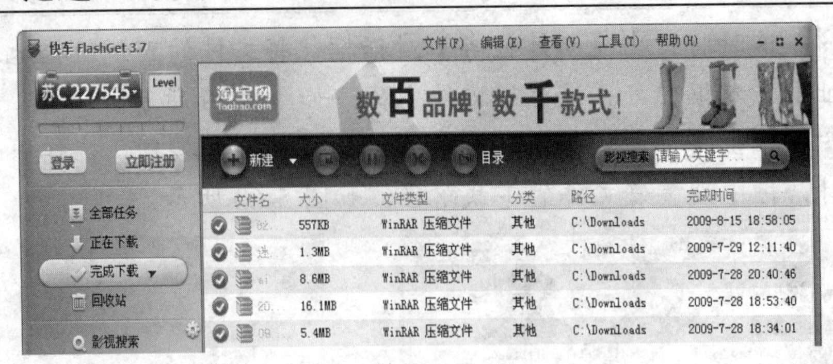

图 5-62

第 3 步 当下载的资源较多时，可以将不需要的下载任务删除。在需要删除的下载任务上单击鼠标右键，在弹出的快捷菜单中选择【删除】命令，如图 5-63 所示。

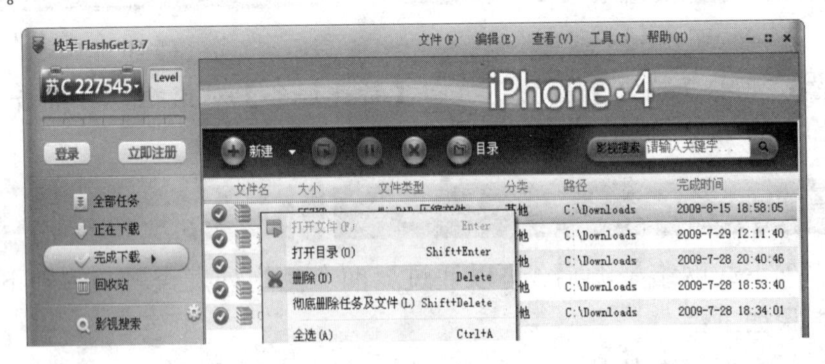

图 5-63

第 4 步 在界面左侧的列表中单击【回收站】按钮，则右侧将显示所有已经删除的下载任务，如图 5-64 所示。

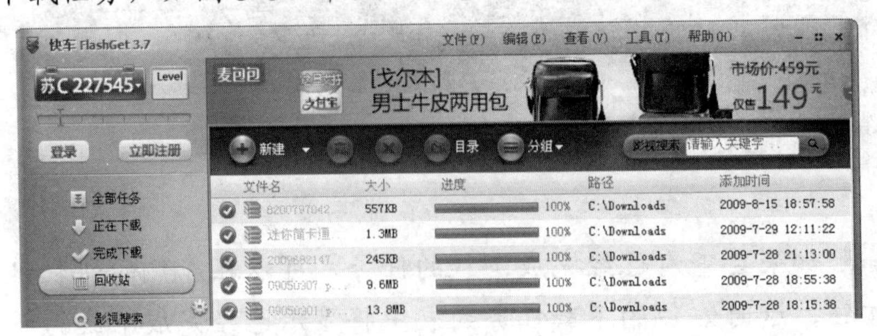

图 5-64

智慧锦囊

删除到回收站中的下载任务，只是从列表中清除了下载记录，并不是删除了下载资源。如果要将下载的资源一同删除，则需要在打开的快捷菜单中选择【彻底删除任务及文件】命令。

5.5.3 限制下载速度

如果网络情况良好，下载速度会很快；但是如果在玩网络游戏或者正在运行占用内存量大的软件时下载资源，则电脑的运行速度就会很慢。为了避免这种情况，可以对快车的下载速度进行限制，具体操作步骤如下：

第 1 步 启动快车软件，单击菜单栏中的【工具】/【选项】命令，如图 5-65 所示。

图 5-65

第 2 步 在弹出的【选项】对话框中单击左侧列表中的【下载设置】按钮，并进入【速度设置】界面，然后在【最大下载速度】选项中设置最大的下载速度，如图 5-66 所示。

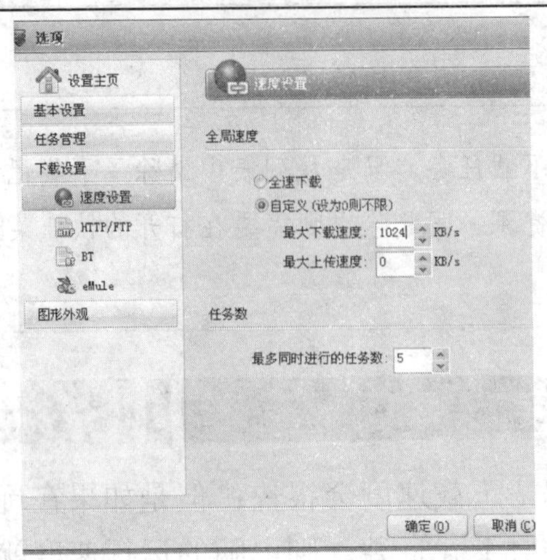

图 5-66

第 3 步 单击【确定】按钮即可。

5.5.4 设置自动杀毒功能

随着版本的不断升级，快车也为用户提供了下载后自动杀毒的功能。如果要让快车启用下载后的自动杀毒功能，则可以按如下操作步骤进行设置：

第 1 步 启动快车软件，单击菜单栏中的【工具】/【选项】命令。

第 2 步 在弹出的【选项】对话框中单击【任务管理】按钮，然后选择【安全相关】选项，如图 5-67 所示。

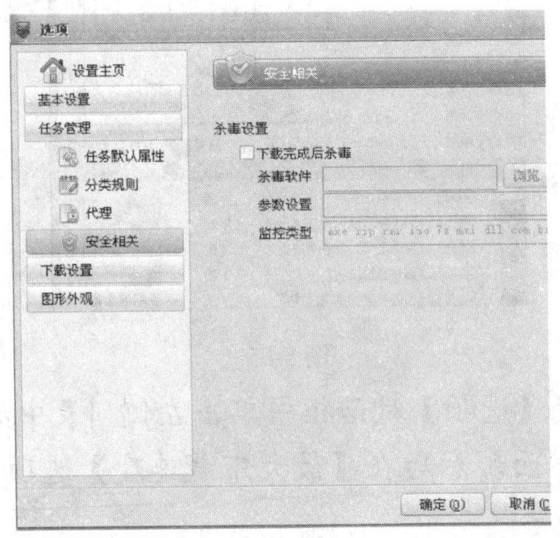

图 5-67

第 3 步 在【安全相关】界面中选择【下载完成后杀毒】选项，单击【自动检测】按钮，则程序将自动把杀毒软件的程序关联到【杀毒软件】文本框中，如图 5-68 所示。

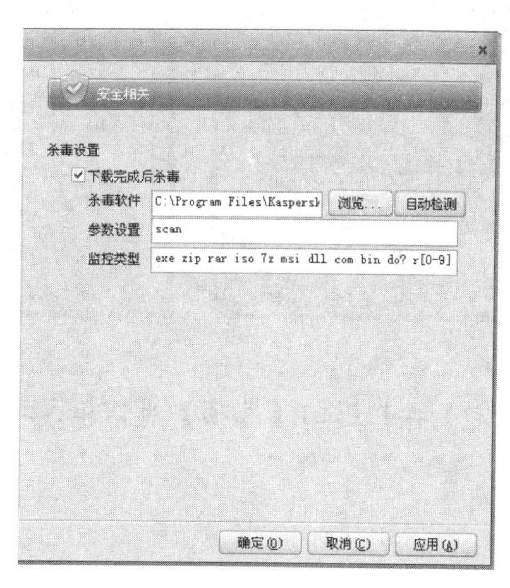

图 5-68

第 4 步 单击【确定】按钮即可。

5.5.5 指定默认的下载路径

使用快车下载网络资源时，在【新建任务】对话框中可以看到一个名为【分类】的选项，该选项用于标记下载文件的类型。

为某个类型的文件指定默认路径以后，在下载时只选择分类即可，无须再指定存储路径。具体操作步骤如下：

第 1 步 启动快车软件，单击菜单栏中的【工具】/【选项】命令。

第 2 步 在弹出的【选项】对话框中单击【任务管理】按钮，在【任务默认属性】界面中选择【指定分类及目录】选项，在右侧的下拉列表中选择需要指定下载路径的分类，然后单击【浏览】按钮，如图 5-69 所示。

第 3 步 在弹出的【浏览文件夹】对话框中设置好此类文件的下载路径，如图 5-70 所示。

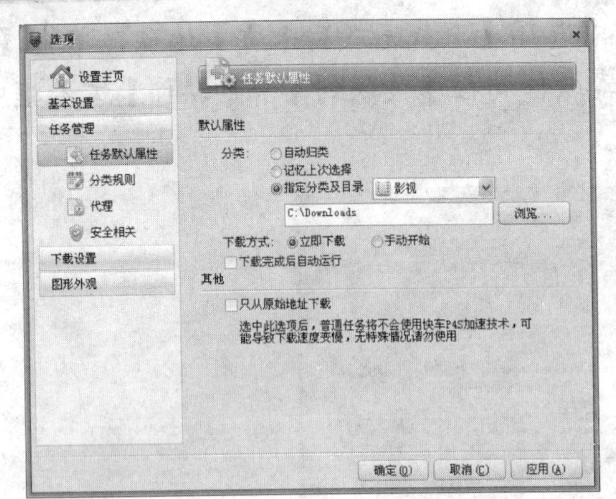

图 5-69

图 5-70

第 4 步 单击【确定】按钮返回【选项】对话框，再单击【确定】按钮保存设置即可。

第6章 博客、贴吧与论坛

内容导读

本章主要介绍了博客、贴吧与论坛的使用方法。Internet是一个完全开放的空间，用户可以在 Internet 上发表自己的观点、分享自己的经验、参与讨论热点话题等，而博客、贴吧与论坛就是最常用的交流平台。通过本章的学习，读者可以学会博客、贴吧与论坛的基本使用，能够发表博客文章，浏览、回复贴吧或论坛的贴子等。

本章要点

- 认识博客
- 百度贴吧
- 论坛

6.1 认识博客

现实生活中，人们已经把“博客”与“Blog”混为一谈。实际上，博客是指在网络上写 Blog 的人。Blog 的中文意思是网络日志，它是一个网页，可以通过发布文章、图片甚至视频来展示自我，而博客就是写网络日志的人。

6.1.1 博客介绍

博客是数字生活新时尚的标志，随着博客技术的流行，目前很多网络公司都推出了自己的博客空间，甚至还出现了专业的博客网站。下面介绍几个不错的博客网站。

1. 新浪博客

新浪博客是中国最主流、最具人气的博客频道，拥有最耀眼的娱乐明星博客、最知性的名人博客、最动人的情感博客、最自我的草根博客等，深受网民的关注。它是中国门户网站之一新浪网的网络日志业务，网址为 http://blog.sina.com.cn。新浪博客首页如图 6-1 所示。

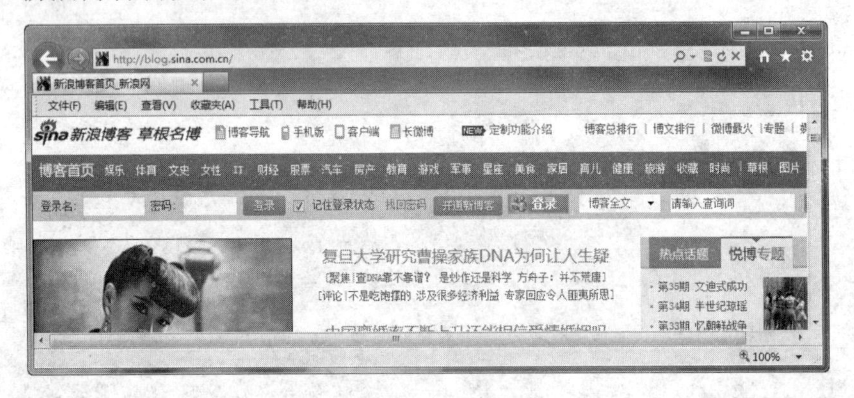

图 6-1

2. 网易博客

网易博客是网易为用户提供的个人表达和交流的网络工具，在这里用户可以通过日志、相片等多种方式记录个人感想和观点，是一个非常方便、易用、极具价值的交流与分享生活的平台，拥有 20 000 多套精美博客风格、4000 万首在线音乐、空间无限大相册、个性冲印等优质服务。用户可以选择喜欢的风格、版式、个性模块来全方位地满足个性化需要，其网址为 http://blog.163.com。网易博客首页如图 6-2 所示。

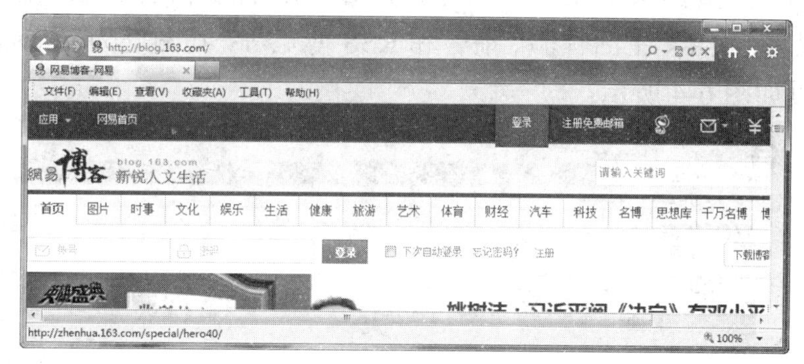

图 6-2

3. 博客大巴

博客大巴是国内第一家 Blog 托管服务商，也是首家商业运作、提供收费服务的中文 Blog 网站，在中文 Blog 业内享有盛誉。它致力于推动中文博客的发展、培养博客用户群体的应用意识，为国内外用户提供稳定快捷、简单易用的专业博客服务，创造独具特色的博客文化，实现个人信息价值的最大化，是国内 Blog 服务功能性应用的引导者，其网址为 http://www.blogbus.com。博客大巴首页如图 6-3 所示。

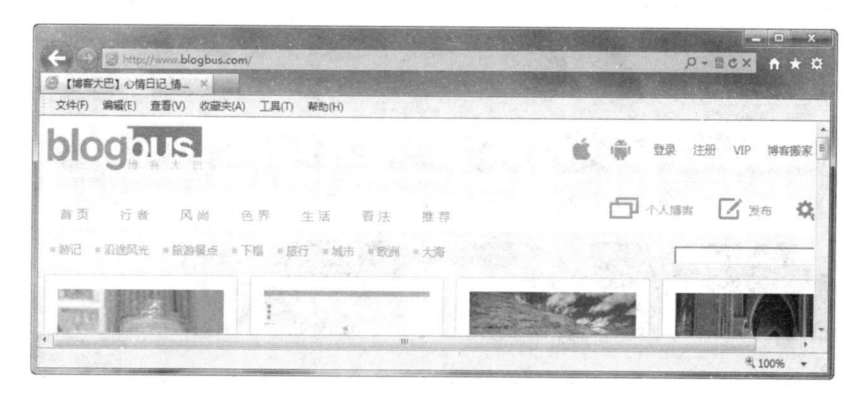

图 6-3

4. 博客网

博客网原名博客中国，是 IT 分析家方兴东先生于 2002 年成立的知识门户网站。博客网是中立、开放和人性化的精选信息资源共享平台，是全球第一中文博客网站，免费提供专业博客托管服务(BSP)，拥有博客公社、移动博客、图片博客、视频、娱乐、生活体验、播客和 RSS 博览等，其网址为 www.bokee.com。博客网首页如图 6-4 所示。

图 6-4

5. 百度空间

百度空间与 QQ 空间类似，也是一个综合性个人娱乐与展示平台，用户可以在空间里写博客、传图片、养宠物、玩游戏，尽情展示自我，还能及时了解朋友的最新动态，从上千万的网友中结识感兴趣的新朋友。百度空间的口号是：真我，真朋友！其网址是 http://hi.baidu.com/index，首页如图 6-5 所示。

图 6-5

6.1.2　开通博客

使用博客之前必须先开通博客，下面以开通新浪博客为例介绍开通博客的方法，具体操作方法如下：

第 1 步　启动 IE 浏览器，在地址栏中输入 http://blog.sina.com.cn 并回车，进入新浪博客首页，在页面中单击【开通新博客】按钮，如图 6-6 所示。

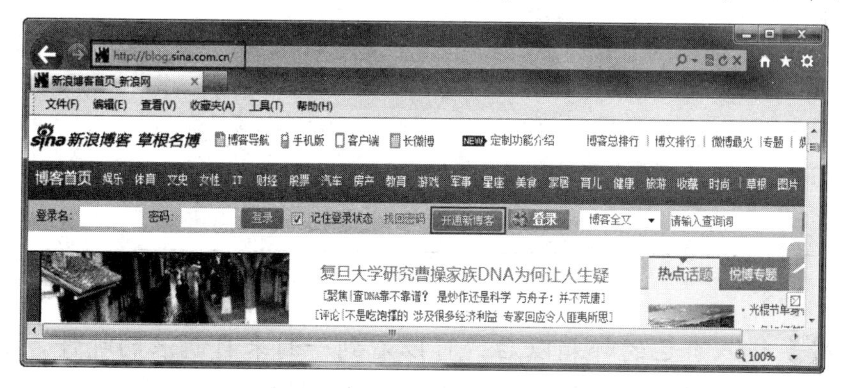

图 6-6

第 2 步　打开注册新浪会员页面，可以看到开通博客有两种方法，即手机注册与邮箱注册。这里选择【邮箱注册】，并在该页面中填写邮箱名称，如果可用，则在右侧出现“对勾”；然后在下方设置密码，选择兴趣标签，填写验证码；最后单击【立即注册】按钮，如图 6-7 所示。

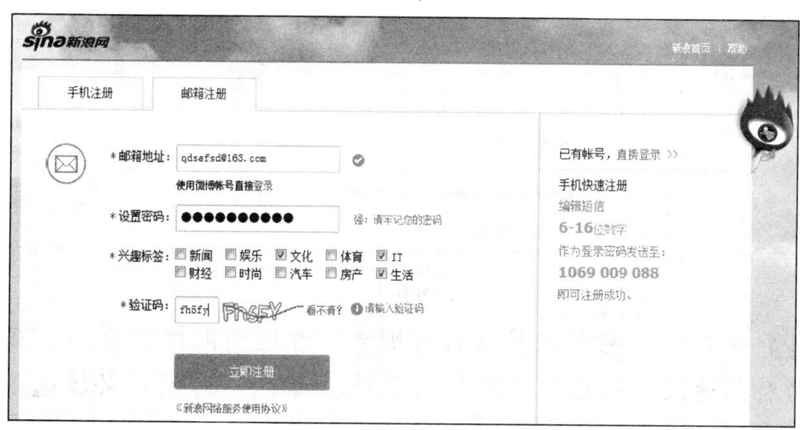

图 6-7

第3步 注册成功后，页面中出现“感谢您的注册，请立即验证邮箱地址。”的提示，此时单击【立即登录163邮箱】按钮，如图6-8所示。

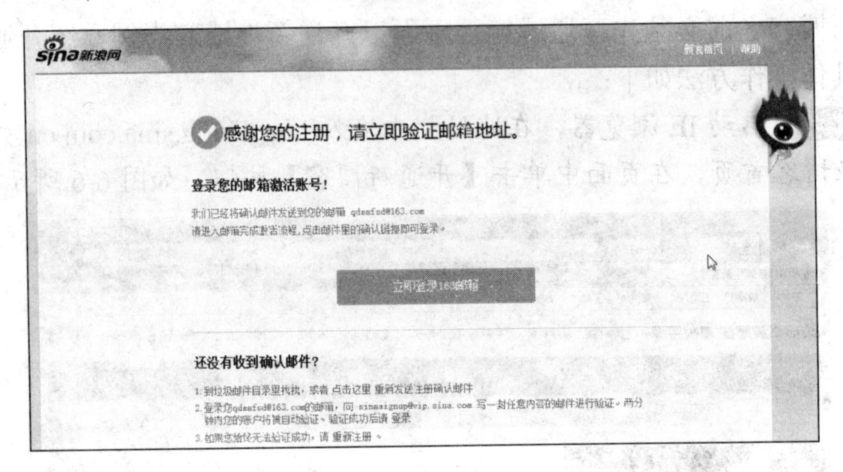

图6-8

第4步 进入自己的邮箱以后，可以看到一封来自新浪的邮件，要求点击链接完成注册，如图6-9所示，此时单击该超链接即可。

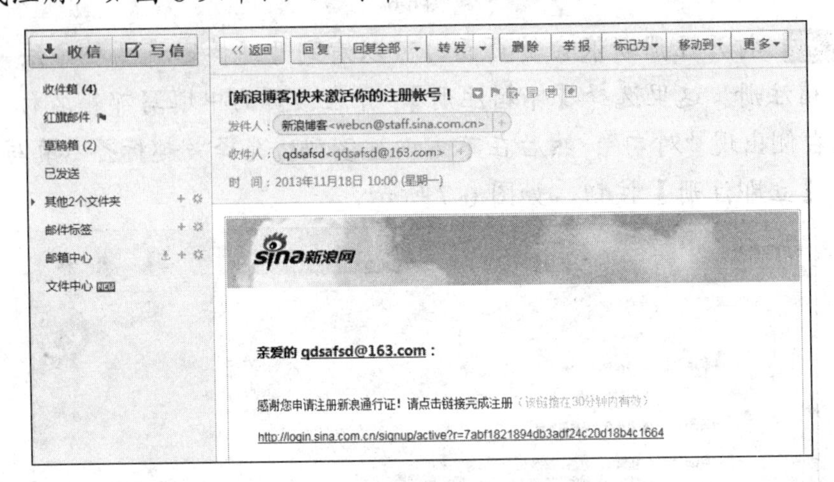

图6-9

第5步 单击链接完成注册以后，则进入开通新浪博客页面，在该页面中设置博客名称与地址，并且要完善个人资料，带“*”号的是必填选项，设置完成后单击【完成开通】按钮，如图6-10所示。

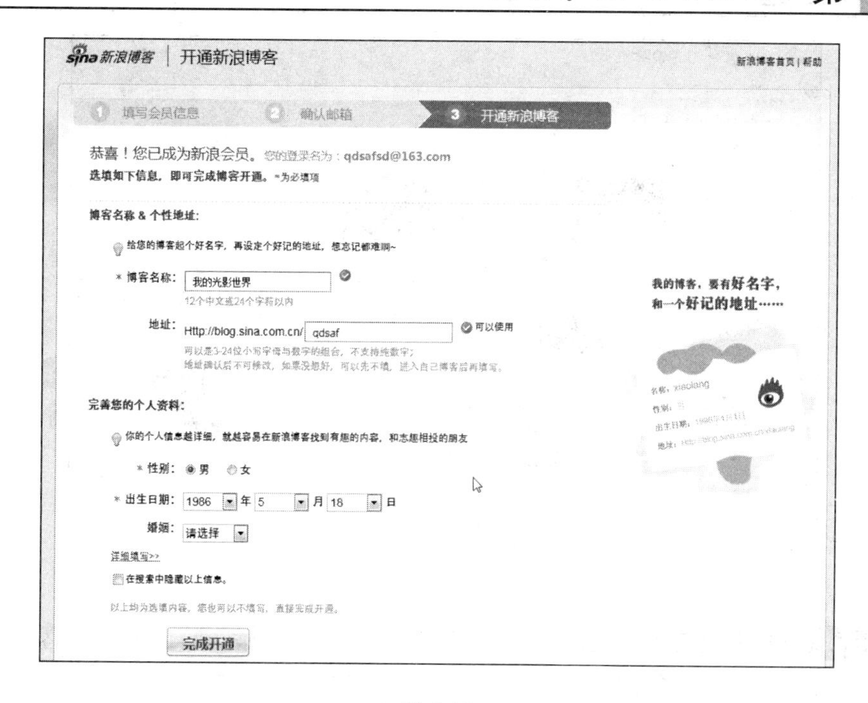

图 6-10

第 6 步 完成开通以后，出现“恭喜您，已成功开通新浪博客!”的提示，此时单击【快速设置我的博客】按钮，可以设置博客的风格，如图 6-11 所示。

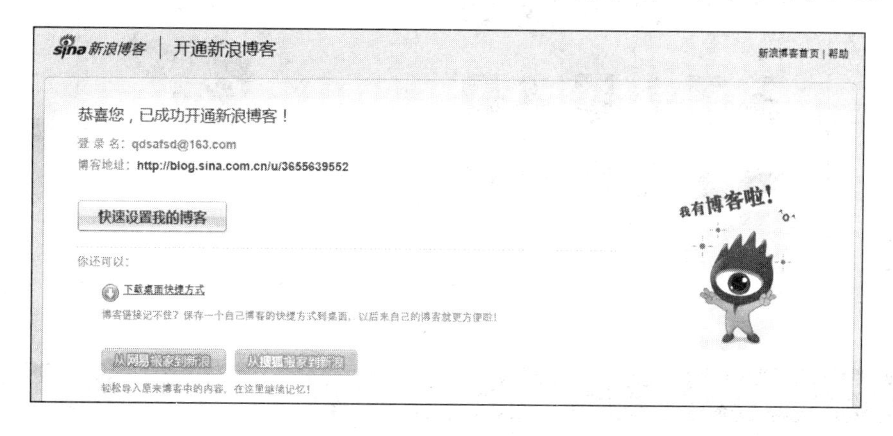

图 6-11

第 7 步 进入快速设置页面后，有四种整体风格可供选择，用户可以选择一种自己喜爱的风格，然后单击【确定，并继续下一步】按钮，如图 6-12 所示。

图 6-12

第8步 单击【完成】按钮，如图 6-13 所示，则完成了新浪博客的开通。

图 6-13

6.1.3 登录博客

开通了博客以后，我们还需要对博客进行管理，经常为博客添加内容，这样才会使博客空间更加丰富、更有吸引力。要管理与更新博客，都需要先登录博客，具体操作步骤如下：

第 1 步 登录新浪首页，在右上方单击【登录】选项，在打开的面板中输入注册的登录名和密码，如图 6-14 所示。

第 2 步 单击【登录】按钮，则统一登录了新浪微博、博客和邮箱。此时再单击【博客】选项，如图 6-15 所示。

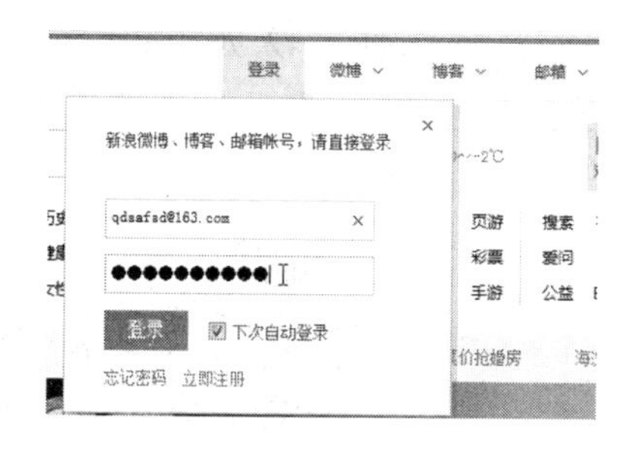

图 6-14

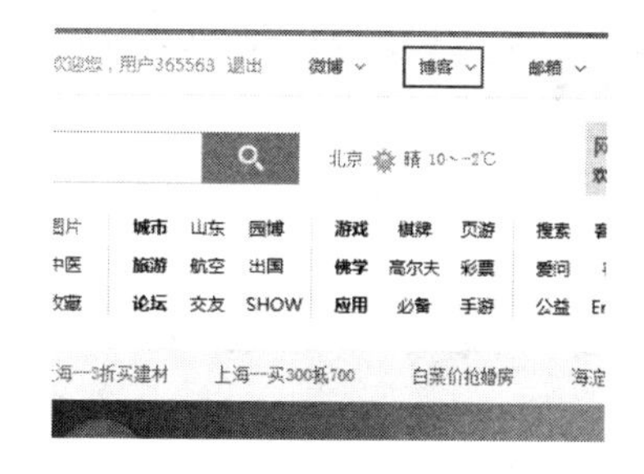

图 6-15

第 3 步 这时将打开新浪博客的个人中心页面，如图 6-16 所示。

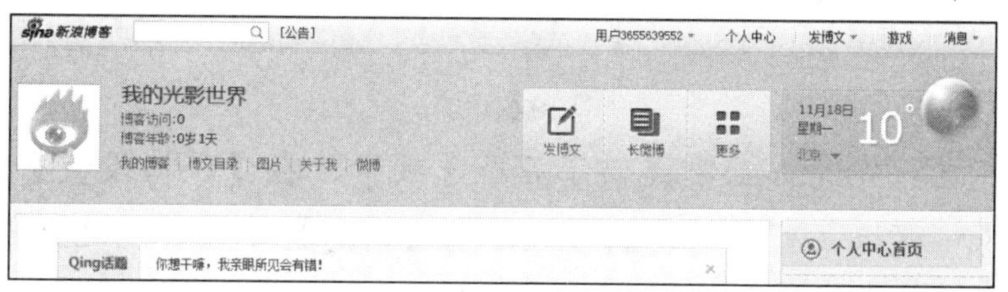

图 6-16

第 4 步 单击博客标题“我的光影世界”，在打开的页面中即可显示自己的博客首页，如图 6-17 所示。

图 6-17

6.1.4 装扮博客空间

用户进入刚开通的博客之后，可以根据自己的爱好装扮博客空间，让自己的博客与众不同。新浪博客为用户提供了非常丰富的设置选项，可以选择版式、定义风格、选择组件等。装扮新浪博客空间的具体操作方法如下：

第1步 进入博客之后，在博客首页的右上方单击【页面设置】超链接，如图6-18所示。

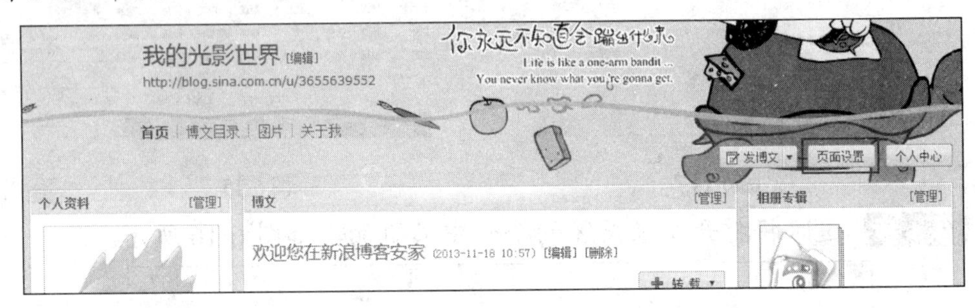

图6-18

第2步 在打开的页面中提供了五个选项卡，在【风格设置】选项卡中又提供了若干风格模板，有【人文】、【娱乐】、【情感】等分类，这里单击【青春】分类，再单击【单车恋人】模板，如图6-19所示，则博客空间自动应用了该模板风格。

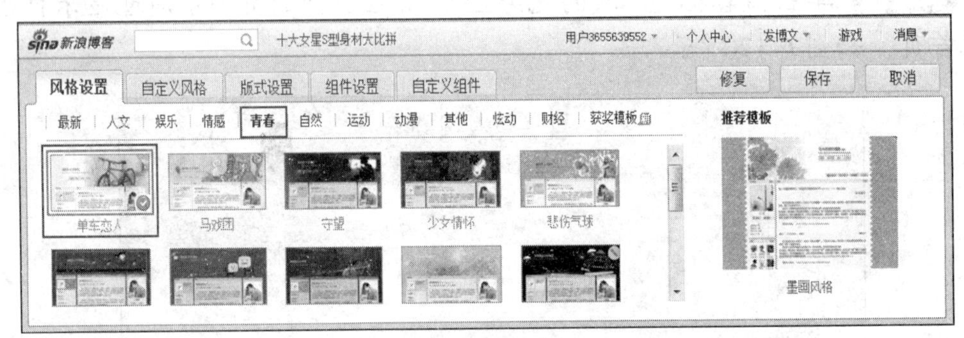

图6-19

第3步 如果要改变博客空间的版面结构，可以切换到【版式设置】选项卡，然后选择所需要的版式，如图6-20所示。

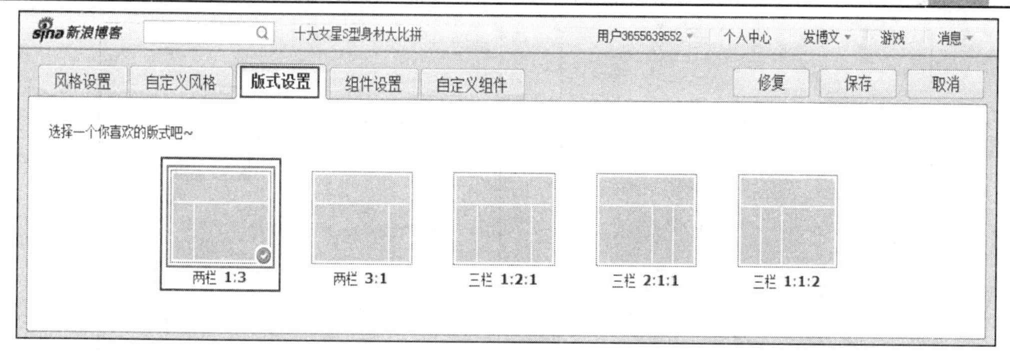

图 6-20

第 4 步 如果要在博客空间中添加组件，可以切换到【组件设置】选项卡，然后在左侧选择组件类型，在右侧勾选需要的组件即可，如图 6-21 所示。

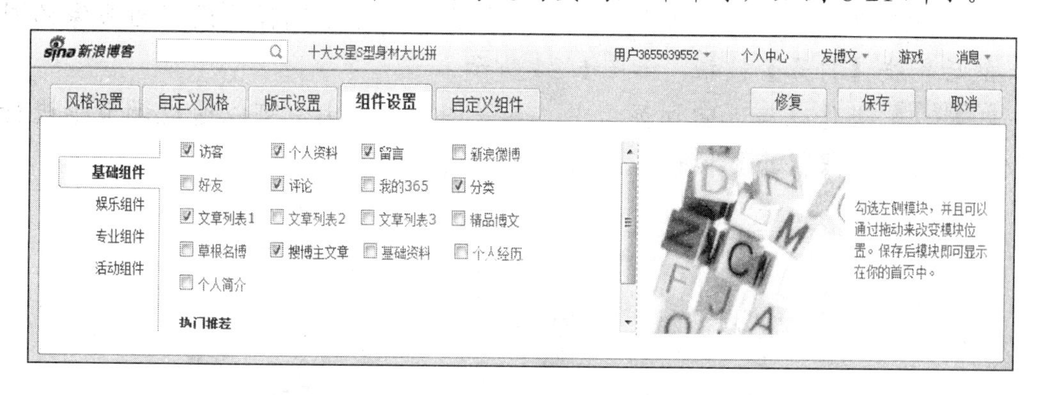

图 6-21

第 5 步 在页面的右上方单击【保存】按钮保存退出，即可在博客首页中看见设置后的效果。

6.1.5 更改博主头像

每一个博客空间都有一个标示性的个人头像。为了让自己的博客空间更具有个性，可以自定义个人头像，其具体操作步骤如下：

第 1 步 登录自己的博客空间，在博客首页单击【个人资料】右侧的【管理】超链接，如图 6-22 所示。

第 2 步 在打开的修改个人资料页面中切换到【头像昵称】选项卡，单击【头像】文本框右侧的【浏览】按钮，如图 6-23 所示。

图 6-22

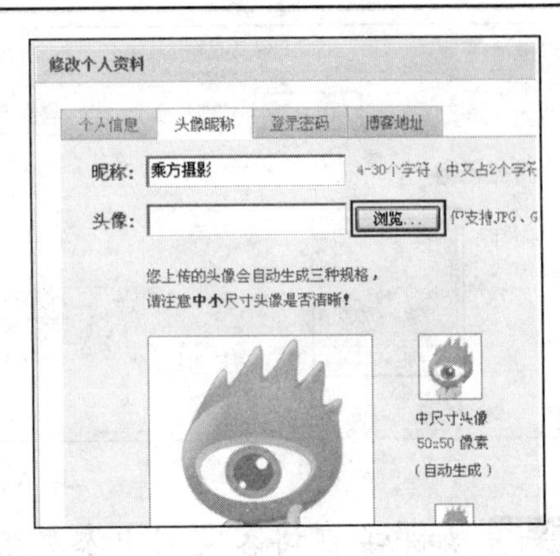

图 6-23

第 3 步 在弹出的【选择要上载的文件】对话框中选择要设置为头像的图片，然后单击【打开】按钮，如图 6-24 所示。

第 4 步 上传以后返回到页面中，如果图片比较大，可以通过调节框进行裁切，然后单击【保存】按钮，如图 6-25 所示。

图 6-24

图 6-25

第 5 步 在弹出的提示框中将显示修改成功的信息，这时单击【确定】按钮即可，如图 6-26 所示。

第 6 步 返回博客首页，按下 F5 键刷新页面，在【个人资料】栏中即可看到更新后的头像，如图 6-27 所示。

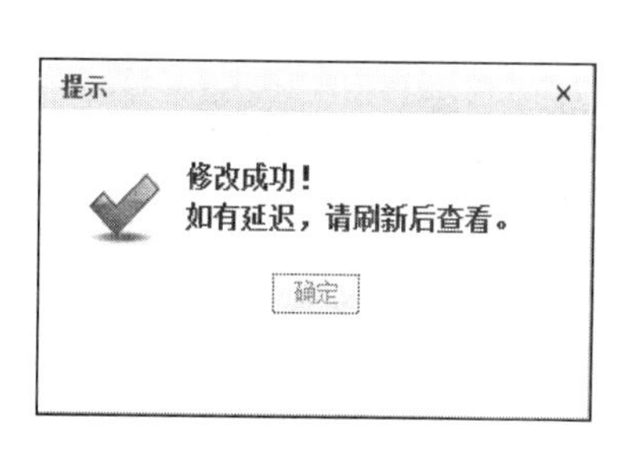

图 6-26

图 6-27

6.1.6 发表博文

用户设置好博客空间以后，就可以在博客中撰写并发表博文了，所有进入该博客的其他用户均可以看见博客中的博文。在新浪博客中发表博文的具体操作步骤如下：

第 1 步 在博客首页的右上方单击【发博文】按钮，如图 6-28 所示。

图 6-28

第 2 步 在打开的页面中输入博文标题以及内容，然后拖动右侧的滑块至页面下方，在下方的【标签】文本框中输入标签或单击右侧的【自动匹配标签】按钮，再选择博文的分类，最后单击【发博文】按钮，如图 6-29 所示。

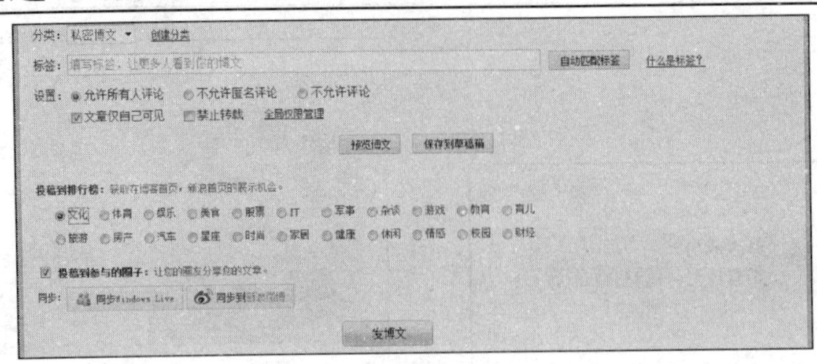

图 6-29

智慧锦囊

新开通的博客只有一种分类，如果想创建更多的分类，可以单击【分类】选项右侧的【创建分类】超链接，这时会弹出【分类管理】对话框，在文本框中输入分类名称，单击【创建分类】按钮即可。如果只创建一个分类，则单击下方的【保存设置】按钮。

第3步 博文发布成功后，会出现一个提示框，提示博文已发布成功，如图 6-30 所示。

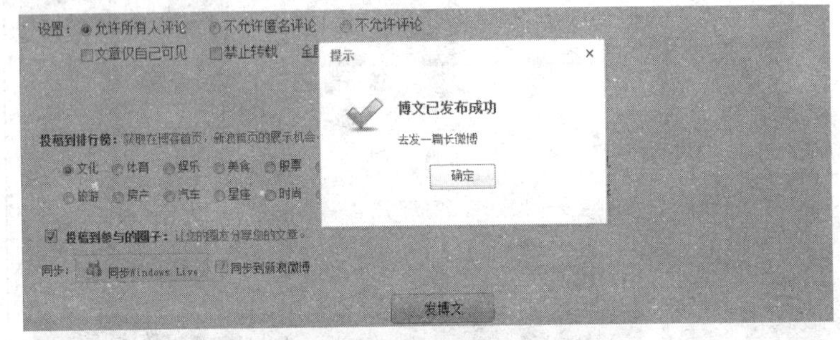

图 6-30

第4步 单击【确定】按钮，在弹出的页面中可以看见刚才发布的博文。

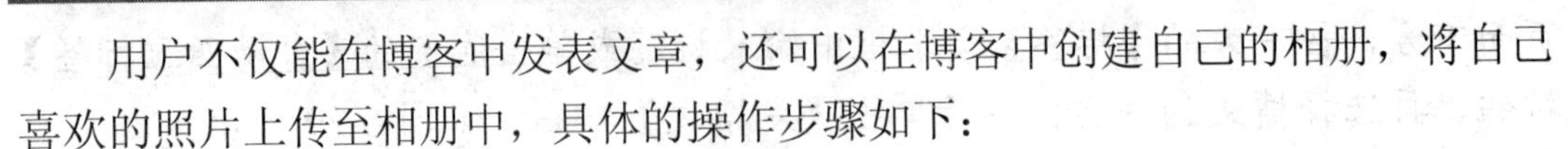

6.1.7 在博客中上传图片

用户不仅能在博客中发表文章，还可以在博客中创建自己的相册，将自己喜欢的照片上传至相册中，具体的操作步骤如下：

第 1 步 打开博客首页，切换到【图片】选项卡，然后单击页面中的【发照片】按钮，如图 6-31 所示。

第 2 步 在打开的上传图片页面中单击【选择照片】超链接，如图 6-32 所示。

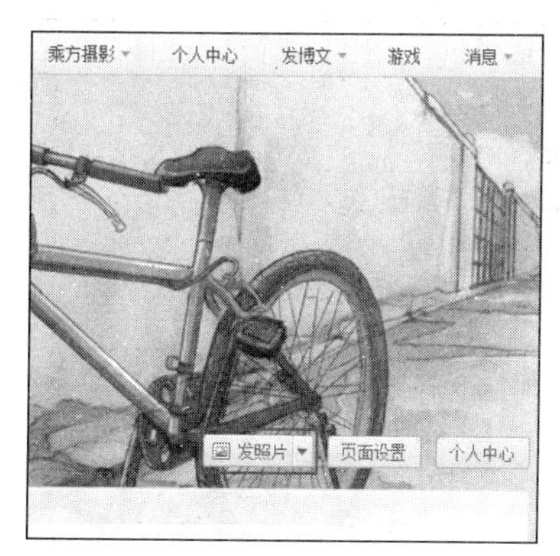

图 6-31

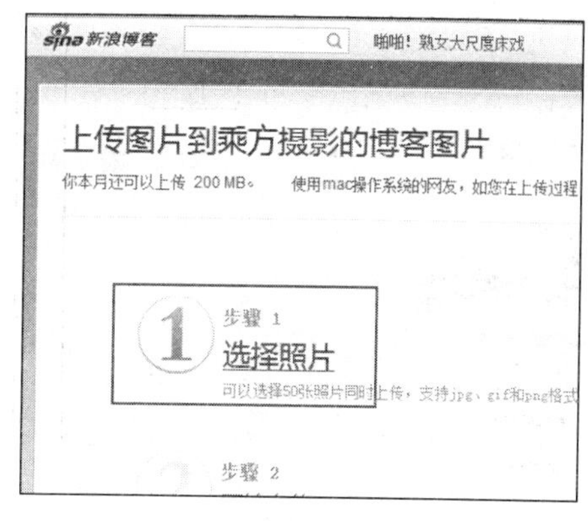

图 6-32

第 3 步 在弹出的【选择要上载的文件】对话框中选择要上传的图片。如果要选择多幅图片，则在按住 Ctrl 键的同时进行选择，然后单击【打开】按钮，如图 6-33 所示。

第 4 步 返回到上传图片页面中，用户可以在该页面中看到刚才选择的图片资料，如图 6-34 所示。

图 6-33

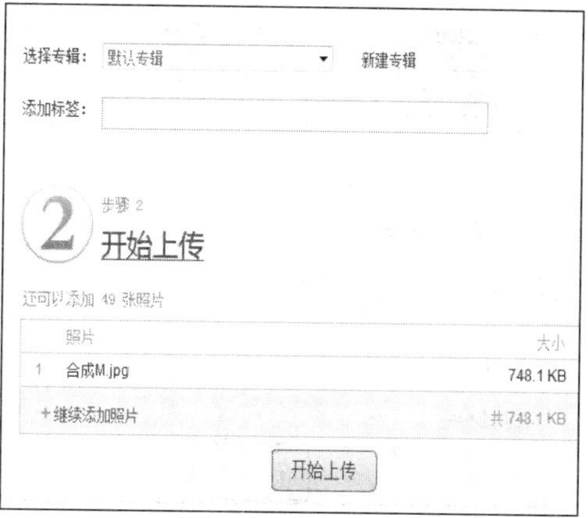

图 6-34

第 5 步 在【选择专辑】右侧的下拉列表中选择要放置的位置，也可以单击【新建专辑】超链接创建新的专辑(即文件夹)，如图 6-35 所示。

第 6 步 在弹出的【新建专辑】对话框中输入专辑标题和专辑描述，也可以根据自己的爱好设置访问权限，然后单击【确定】按钮，如图 6-36 所示。

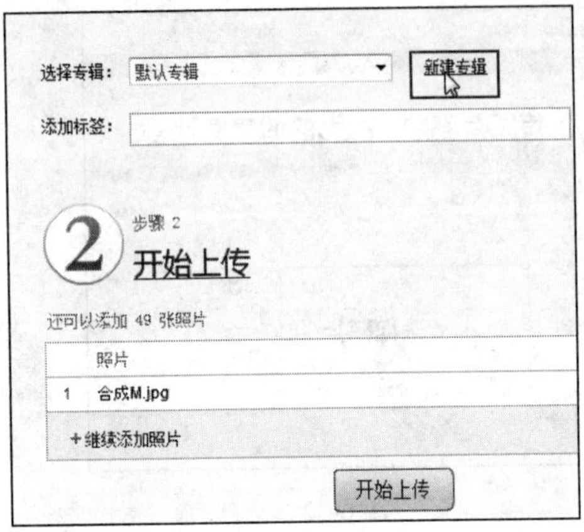

图 6-35

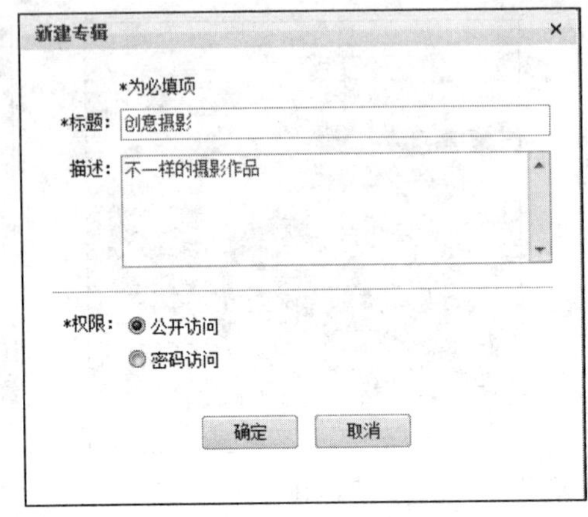

图 6-36

第 7 步 返回到上传图片页面中，根据需要填写标签，也可以不填写，然后单击【开始上传】按钮，开始上传图片，如图 6-37 所示。

第 8 步 图片上传完成后，用户可以在打开的页面中看见“上传完成”的信息，此时单击【返回你的相册】超链接即可，如图 6-38 所示。

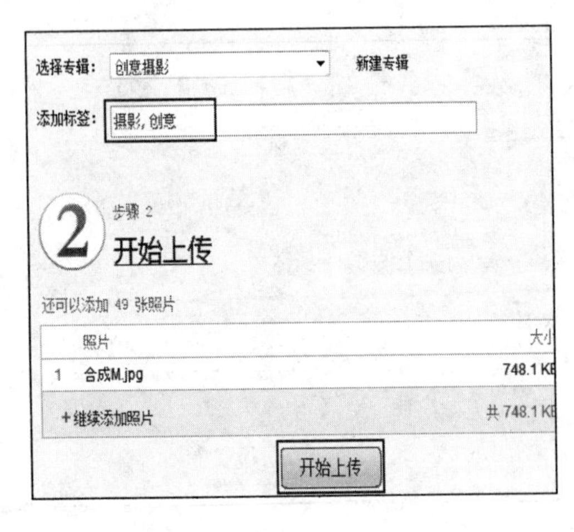

图 6-37

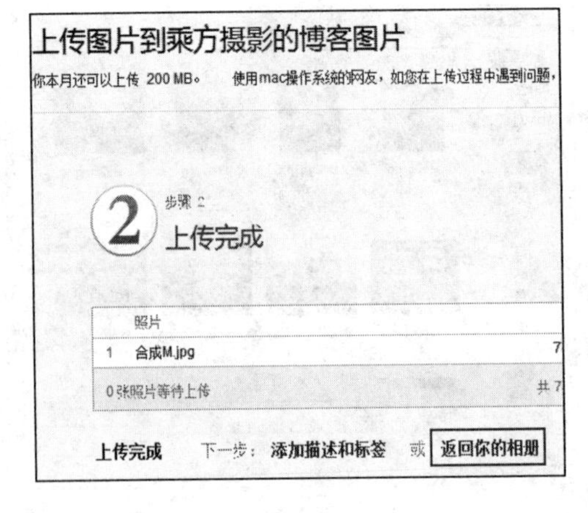

图 6-38

6.2 百度贴吧

百度贴吧是世界上最大的中文交流平台，它是结合搜索引擎建立的一个在线交流系统，为用户提供了一个表达和交流思想的自由网络空间，让那些对同一个话题感兴趣的人们聚集在一起，方便地展开交流和互相帮助。

6.2.1 申请百度帐号

百度贴吧允许匿名发言，但是注册百度帐号后可以获取更多的权限，并允许使用更多的功能。注册百度帐号的具体操作步骤如下：

第 1 步 打开百度首页(http://www.baidu.com)，单击右上方的【注册】超链接，如图 6-39 所示。在打开的页面中提供了两种注册方式，这里选择邮箱注册，然后填写邮箱、密码、验证码等，单击【注册】按钮，如图 6-40 所示。

图 6-39

图 6-40

第 2 步 注册后，邮箱中会收到一封邮件用于完成注册，单击【立即进入邮箱】按钮，如图 6-41 所示。

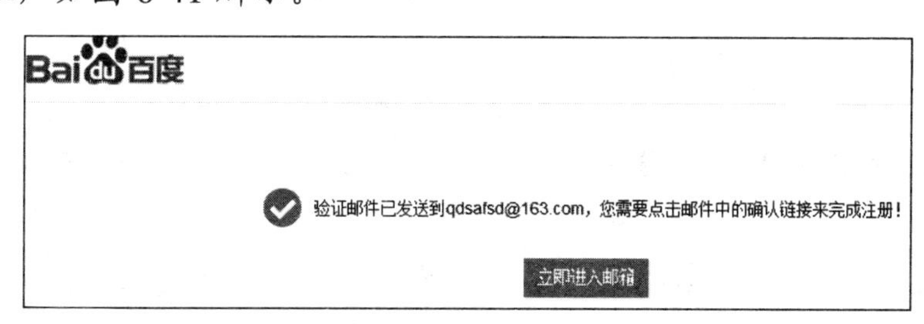

图 6-41

第 3 步 进入邮箱后可以看到一封来自百度的邮件，要求点击链接激活帐号，此时单击该超链接即可，如图 6-42 所示。

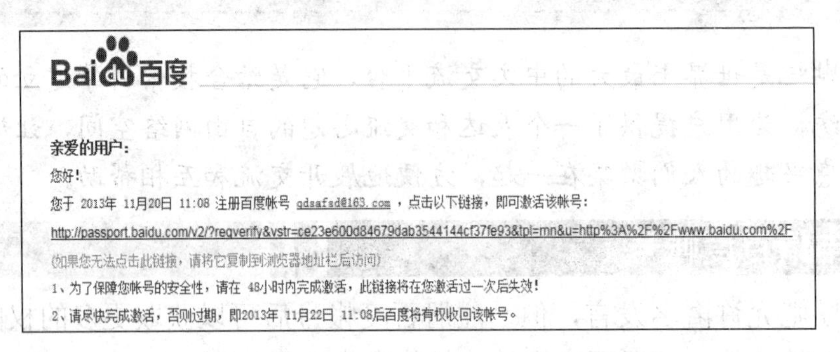

图 6-42

第 4 步 成功激活帐号以后将弹出百度首页，右上方显示用户名、级别、个人中心等信息，如图 6-43 所示。在这里可以设置更详细的个人资料或者开通百度空间等。如果不需要进一步操作，关闭该页面即可。

图 6-43

6.2.2 登录百度贴吧

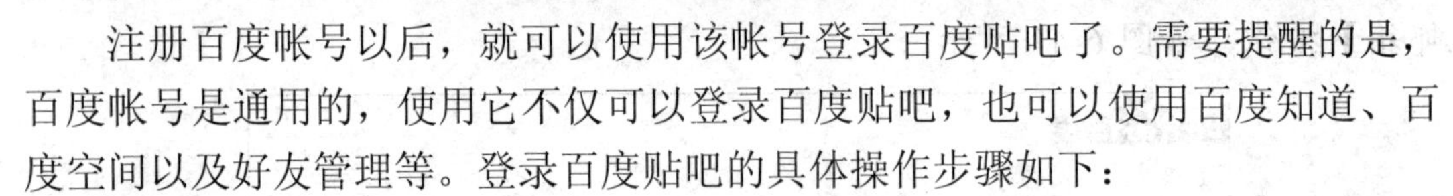

注册百度帐号以后，就可以使用该帐号登录百度贴吧了。需要提醒的是，百度帐号是通用的，使用它不仅可以登录百度贴吧，也可以使用百度知道、百度空间以及好友管理等。登录百度贴吧的具体操作步骤如下：

第 1 步 首先打开百度首页，单击搜索框上方的【贴吧】超链接，如图 6-44 所示。

第 2 步 进入贴吧首页以后，再单击右上方的【登录】超链接，如图 6-45 所示。

图 6-44

图 6-45

第 3 步 在弹出的登录界面中分别输入邮箱与密码，然后单击【登录】按钮，如图 6-46 所示。

第 4 步 此时系统自动登录到百度贴吧，登录后的页面如图 6-47 所示。

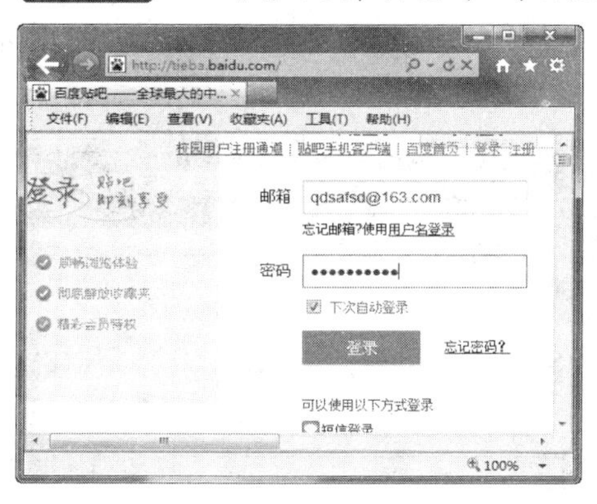

图 6-46

图 6-47

6.2.3 发布贴子

用户登录成功以后，就可以在百度贴吧里发布贴子并让其他人发表与该贴子内容有关的讨论，具体操作步骤如下：

第 1 步 进入百度贴吧首页，在页面上方的文本框中输入关键字，例如“数码设计”，然后单击右侧的【进入贴吧】按钮，如图 6-48 所示。

第 2 步 在打开的“数码设计”贴吧页面中拖动滚动条到页面下方，在【标题】和【内容】文本框中输入需要讨论的相关内容，如图 6-49 所示。

图 6-48　　　　　　图 6-49

第 3 步 单击【发表】按钮，这时弹出【发表贴子】对话框，要求输入验证码，通过单击下面的文字即可输入验证码，如图 6-50 所示。

第 4 步 正确输入验证码以后，用户可以在“数码设计吧”里看到刚才发表的贴子，如图 6-51 所示。

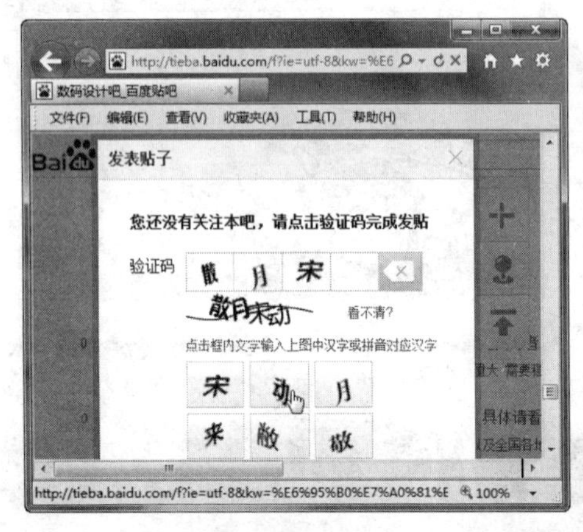

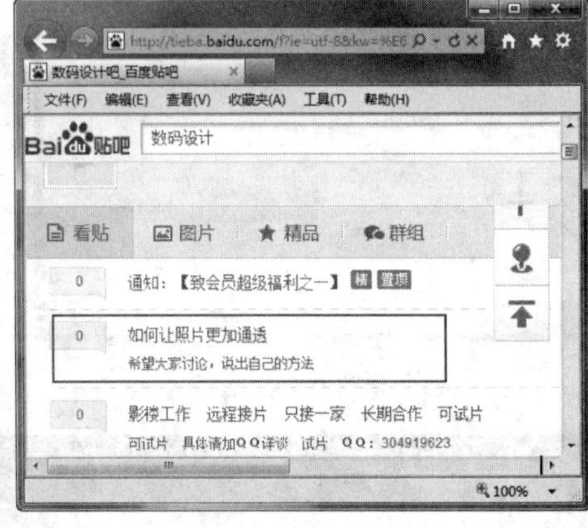

图 6-50　　　　　　图 6-51

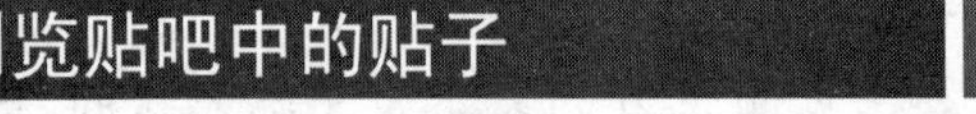

6.2.4 浏览贴吧中的贴子

百度贴吧是分类最全的论坛，因为其中所有的贴吧都是由用户自己创建的，并且每一个词语都可以创建一个贴吧。如果要浏览贴吧中的贴子，可以按如下步骤进行操作：

第 1 步 进入百度贴吧首页，在左侧的【贴吧分类】栏中单击自己感兴趣的贴吧分类链接，可以直接进入该贴吧，如图 6-52 所示。

图 6-52

第 2 步 在【贴吧分类】栏的最下方单击【查看全部】按钮，如图 6-53 所示，可以打开更加详细的分类，用户可以单击自己感兴趣的贴吧链接。

图 6-53

第 3 步 在打开的贴吧主题列表中单击自己感兴趣的贴子链接，如图 6-54 所示。

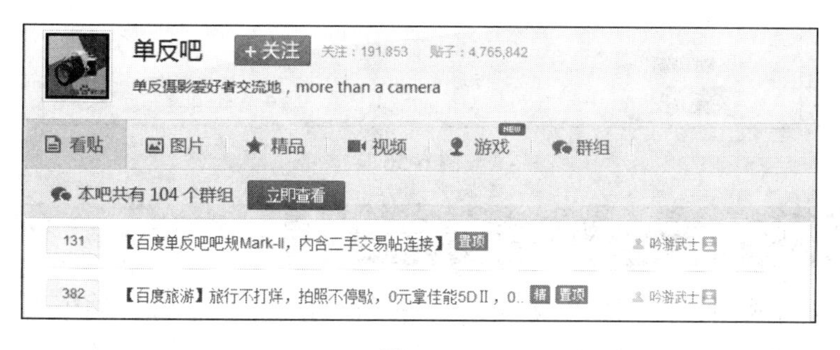

图 6-54

第4步 在打开的页面中即可浏览贴子的详细信息，如图6-55所示。

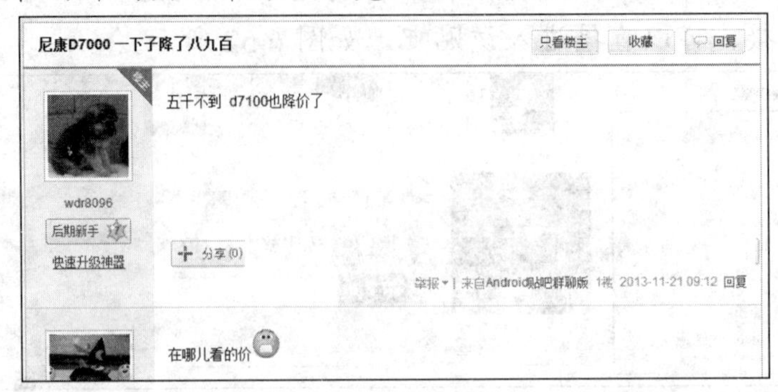

图6-55

6.2.5 回复贴子

浏览贴子以后可以进行回复，参与讨论，发表自己的观点。在百度贴吧中回复贴子的方法非常简单，只要将滚动块拖动到页面的下方，在【发表回复】栏的【内容】文本框中输入需要回复的内容，然后单击【发表】按钮即可，还可以插入表情、图片、音乐等，如图6-56所示。

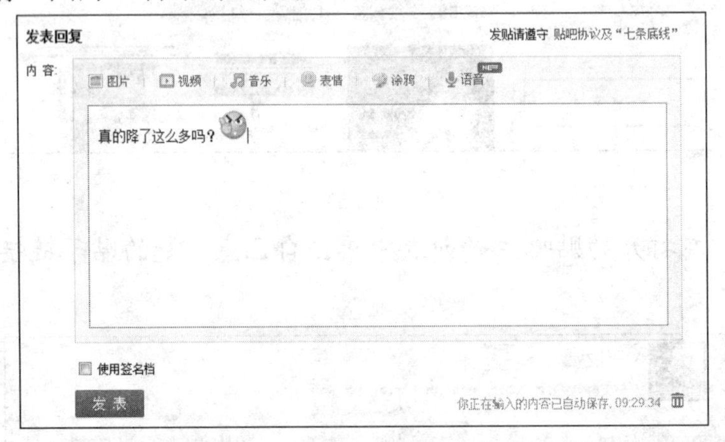

图6-56

6.2.6 收藏贴子

用户在浏览贴吧时，如果发现某些很精彩的贴子，可以将它们收藏起来。收藏贴子的具体操作步骤如下：

第 1 步 打开要收藏的贴子。

第 2 步 在弹出的页面中可以浏览该贴子的详细内容以及其他网友的回复，单击右上方的【收藏】按钮，如图 6-57 所示。

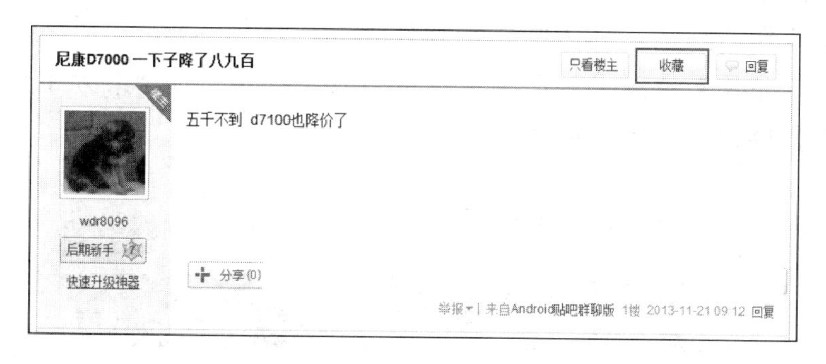

图 6-57

第 3 步 将光标指向页面右上方的【个人中心】，在打开的下拉列表中选择【我的收藏】选项，如图 6-58 所示。

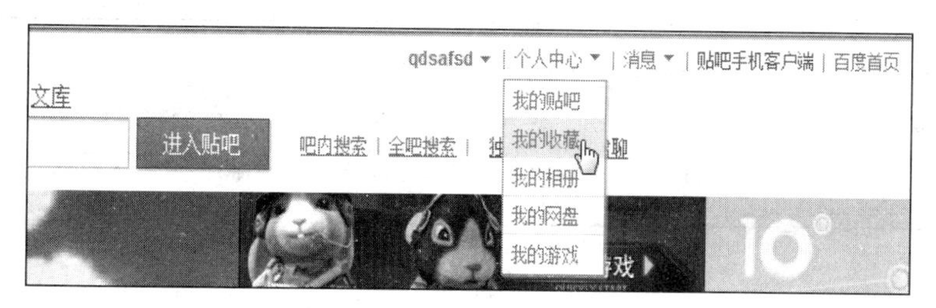

图 6-58

第 4 步 在打开的页面中可以看到转贴并收藏的贴子，如图 6-59 所示。

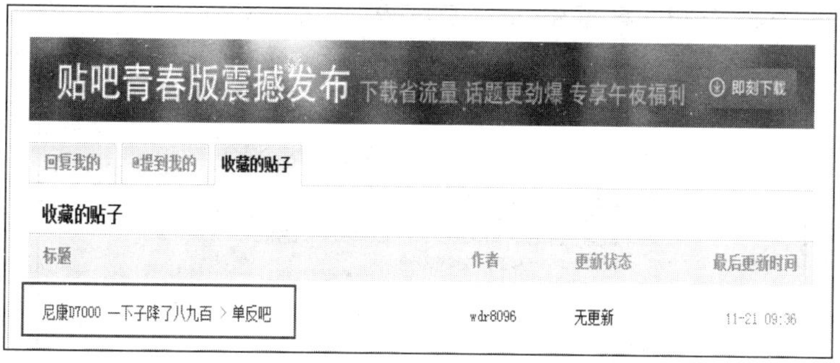

标题	作者	更新状态	最后更新时间
尼康D7000 一下子降了八九百 > 单反吧	wdr8096	无更新	11-21 09:36

图 6-59

6.2.7 创建新贴吧

用户在搜索贴吧时，如果输入关键字后搜索不到该贴吧，则可以自己以该关键字来创建新的贴吧，具体操作步骤如下：

第 1 步 登录百度贴吧，在搜索框中输入关键字，如“乘方工作室”，单击【进入贴吧】按钮，如图 6-60 所示。

新闻 网页 贴吧 知道 音乐 图片 视频 地图 百科 文库
贴吧
乘方工作室
进入贴吧

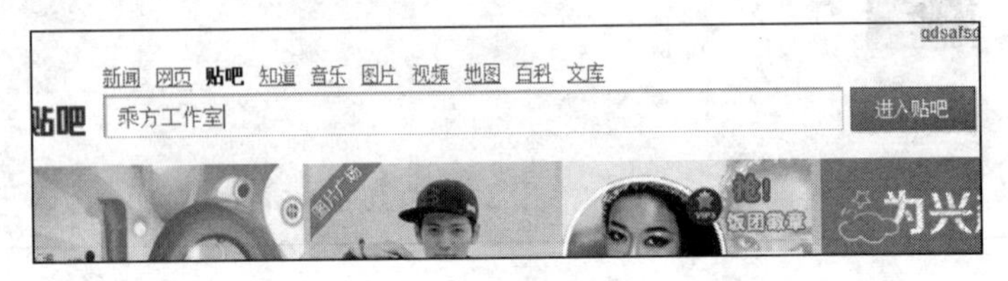

图 6-60

第 2 步 搜索的贴吧如果不存在，则页面中将显示此贴吧尚未建立的信息，此时单击“乘方工作室”超链接，如图 6-61 所示。

Baidu贴吧
新闻 网页 贴吧 知道 音乐 图片 视频 地图 百科 文库
乘方工作室
进入贴吧
全吧搜索
“乘方工作室”与本吧的讨论主题相关，已为您自动跳转；若您寻找的不是本吧，也可以创建乘方工作室吧

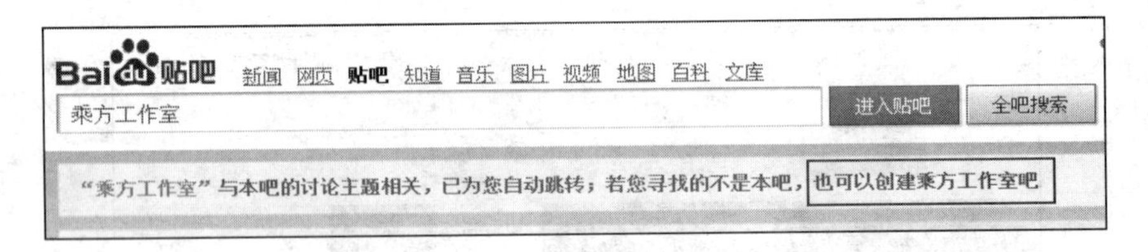

图 6-61

第 3 步 在打开的创建贴吧页面中输入贴吧的名称与验证码，然后单击【创建贴吧】按钮，如图 6-62 所示。

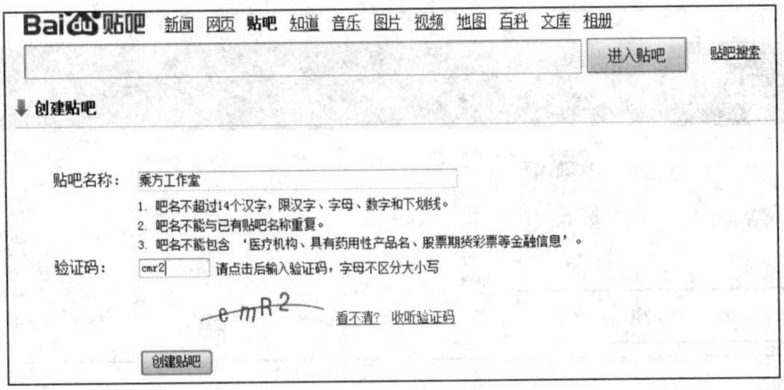

Baidu贴吧
新闻 网页 贴吧 知道 音乐 图片 视频 地图 百科 文库 相册
进入贴吧
贴吧搜索
创建贴吧
贴吧名称：
乘方工作室
1. 吧名不超过14个汉字，限汉字、字母、数字和下划线。
2. 吧名不能与已有贴吧名称重复。
3. 吧名不能包含‘医疗机构、具有药用性产品名、股票期货彩票等金融信息’。
验证码：
cmr2
请点击后输入验证码，字母不区分大小写
看不清？ 收听验证码
创建贴吧

图 6-62

第 4 步 提交信息后，在出现的页面中提示等待审核的信息，一般将在 2 个工作日内开通，如图 6-63 所示。

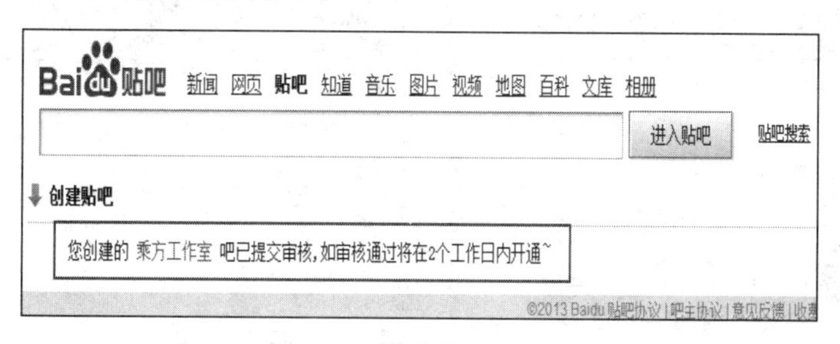

图 6-63

6.3 论坛

在 Internet 上，论坛以其交互、便捷、信息量大的特点成为网络上的互动中心。论坛又名网络论坛、BBS，是 Internet 上的一种电子信息服务系统，世界各地的网友都可以通过发贴或回贴的方式随时随地参与同一个问题的讨论，并发表自己的观点，突破了时间和地域的限制。

6.3.1 介绍几个知名论坛

随着网络技术的普及，论坛已经遍布 Internet 的每一个角落，既有综合性论坛，也有专业性论坛、学习性论坛，甚至企业论坛。下面介绍几个比较知名的大型论坛。

1. 天涯社区

天涯社区以“全球最具影响力的论坛”闻名于世，并提供博客、相册、个人空间等服务。天涯社区拥有天涯杂谈、娱乐八卦、情感天地等超人气栏目，以及百姓声音、散文天下等高端栏目，拥有大量的固定用户。其网址为 http://www.tianya.cn，首页如图 6-64 所示。

2. 搜狐社区

搜狐社区号称中文第一社区，主要栏目有民间纪事、婆媳关系、体坛风云、美食厨房、星空杂谈等，内容比较丰富，人气也比较旺。其网址为 http://club.sohu.

com，首页如图6-65所示。

图6-64

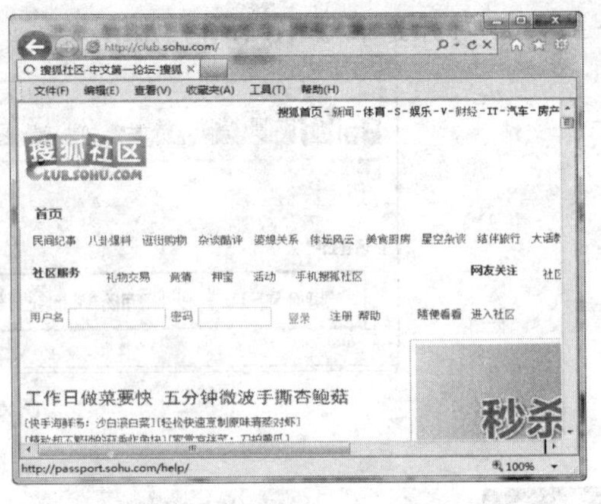

图6-65

3. 凤凰论坛

凤凰论坛是凤凰网的一个版块，从建立之初到现在，风格日渐成型，版块结构不断完善，目前已成为一个包含社会、人文、军事、体育、娱乐、时尚、财经、科技、教育的大型综合性论坛。其网址为http://bbs.ifeng.com，首页如图6-66所示。

4. 新浪论坛

新浪论坛是全球最大的华人中文社区，也是互联网上最具知名度的综合性BBS，拥有庞大的核心用户群体，主题版块涵盖文化、生活、社会、时事、体育、娱乐等各项领域。其网址为http://bbs.sina.com.cn，首页如图6-67所示。

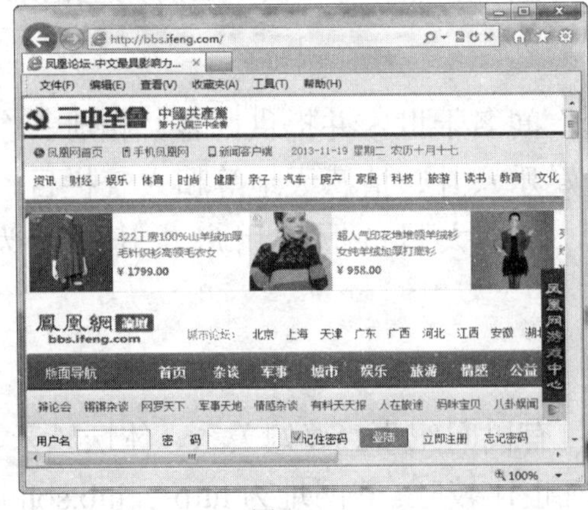

图6-66

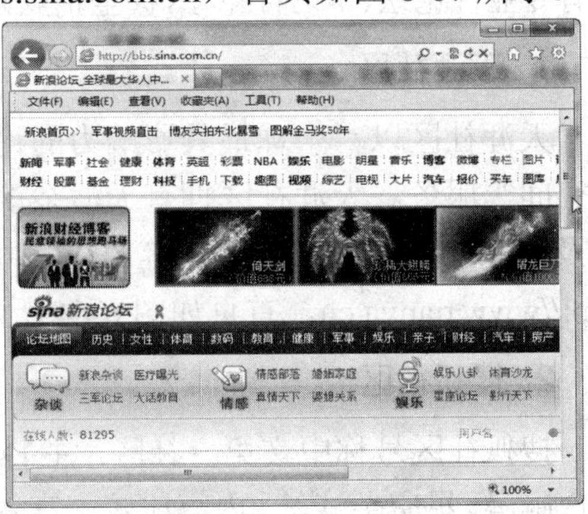

图6-67

6.3.2　注册论坛

一般来说，大型正规的公共论坛都会开放浏览权限，任何人都可以进入论坛浏览论坛中的内容，但是不注册为论坛用户一般没有发贴的权限；另外，也有一些专业的学习论坛，为了提高人气，不注册为论坛用户是不能浏览的，特别是一些精华贴，往往要求注册以后才可以浏览其内容。

其实，在论坛中注册用户的操作十分简单，不同论坛的注册方法也不完全相同，但大致类似。下面以注册天涯社区用户为例介绍注册论坛的方法，具体操作步骤如下：

第 1 步　启动 IE 浏览器，在地址栏中输入 http://www.tianya.cn 并回车，进入天涯社区的首页，单击【免费注册】按钮，如图 6-68 所示。

第 2 步　在打开的注册新用户页面中填写用户名、密码、确认密码、邮箱与验证码等信息，然后单击【立即注册】按钮，如图 6-69 所示。

图 6-68

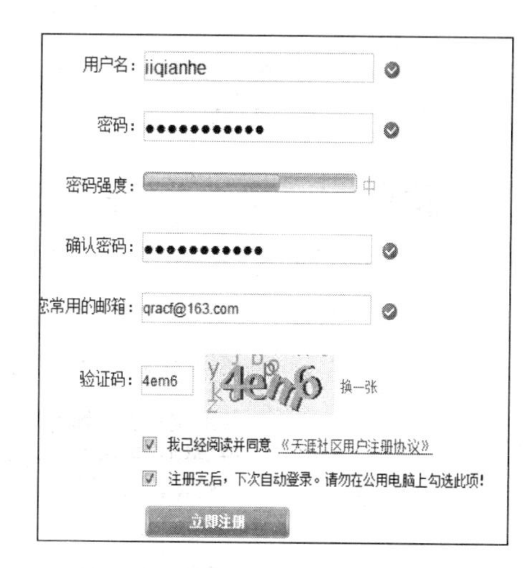

图 6-69

第 3 步　在打开的激活帐号页面中单击【马上进行手机认证】按钮，如图 6-70 所示。

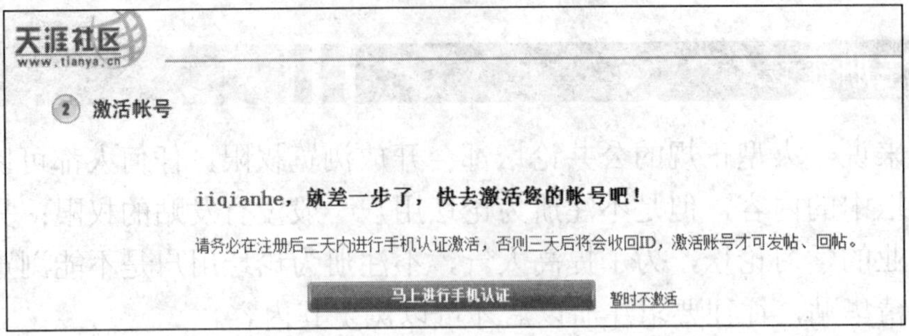

天涯社区
www.tianya.cn

② 激活帐号

iiqianhe，就差一步了，快去激活您的帐号吧！

请务必在注册后三天内进行手机认证激活，否则三天后将会收回ID，激活账号才可发帖、回帖。

马上进行手机认证 暂时不激活

图 6-70

第 4 步 在打开的手机认证页面中输入自己的手机号码，然后单击【确定】按钮，如图 6-71 所示。

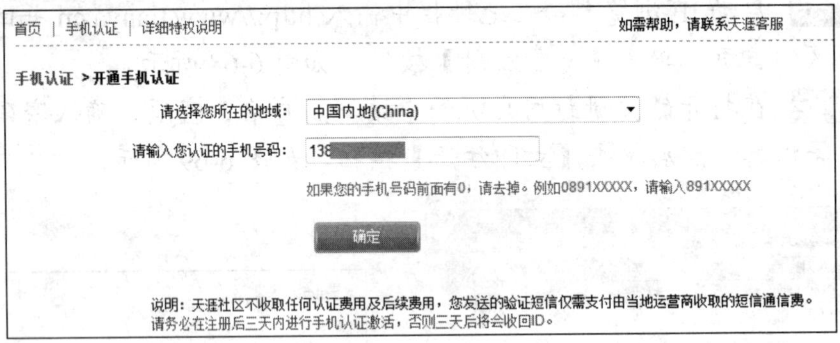

首页 | 手机认证 | 详细特权说明 如需帮助，请联系天涯客服

手机认证 >开通手机认证

请选择您所在的地域： 中国内地(China)

请输入您认证的手机号码： 138

如果您的手机号码前面有0，请去掉。例如0891XXXXX，请输入891XXXXX

确定

说明：天涯社区不收取任何认证费用及后续费用，您发送的验证短信仅需支付由当地运营商收取的短信通信费。
请务必在注册后三天内进行手机认证激活，否则三天后将会收回ID。

图 6-71

第 5 步 在打开的页面中提示用户使用手机发送验证码，如图 6-72 所示。

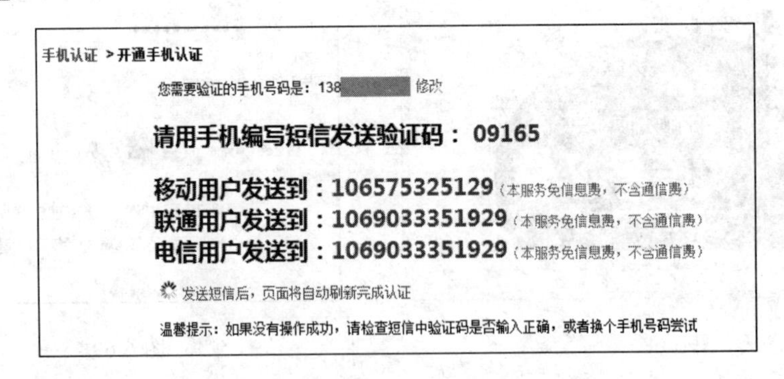

图 6-72

第 6 步 使用手机发送验证码后，则完成了最终的注册，如图 6-73 所示。

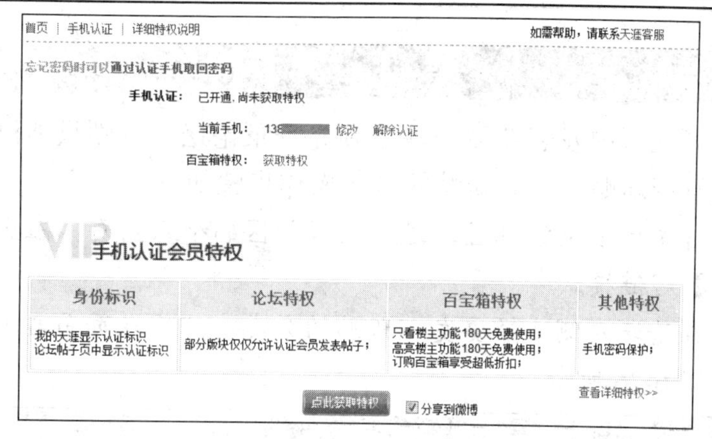

图 6-73

6.3.3 登录论坛

当用户在天涯社区成功注册以后，就可以登录天涯论坛进行发贴与回贴等操作了。上一节中我们已经注册了论坛帐号，下面就以这个帐号进行登录，具体操作步骤如下：

第 1 步 进入天涯论坛的首页。

第 2 步 在页面的左上方输入用户名与密码，然后单击【登录】按钮即可，如图 6-74 所示。

第 3 步 登录成功以后，将进入用户在天涯社区的个人主页，如图 6-75 所示。

图 6-74

图 6-75

6.3.4 发表新贴

要想在天涯社区中发表新贴，就必须先登录论坛，否则只能浏览别人的贴子，没有权限发表新贴。发表新贴的具体操作步骤如下：

第1步 首先登录天涯社区，进入天涯社区的个人主页，在上方的导航栏中单击【论坛】超链接。

第2步 在论坛左侧选择要发布新贴的分类，然后在页面右上方单击【发贴】按钮，如图6-76所示。

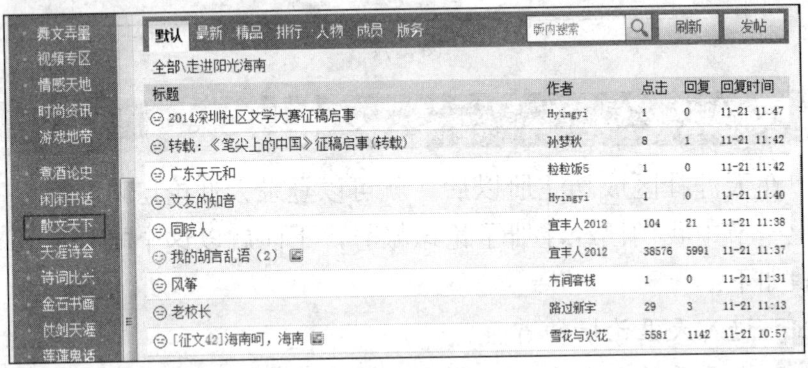

舞文弄墨 视频专区 情感天地 时尚资讯 游戏地带 煮酒论史 闲闲书话 散文天下 天涯诗会 诗词比兴 金石书画 仗剑天涯 莲蓬鬼话

默认 最新 精品 排行 人物 成员 版务 版内搜索 刷新 发帖

全部\走进阳光海南

标题	作者	点击	回复	回复时间
2014深圳社区文学大赛征稿启事	Hyingyi	1	0	11-21 11:47
转载：《笔尖上的中国》征稿启事(转载)	孙梦秋	8	1	11-21 11:42
广东天元和	粒粒饭5	1	0	11-21 11:42
文友的知音	Hyingyi	1	0	11-21 11:40
同院人	宜丰人2012	104	21	11-21 11:38
我的胡言乱语（2）	宜丰人2012	38576	5991	11-21 11:37
风筝	有间客栈	1	0	11-21 11:31
老校长	路过新宇	29	3	11-21 11:13
[征文42]海南呵，海南	雪花与火花	5581	1142	11-21 10:57

图6-76

第3步 这时将进入发表新贴页面，首先在【标题】文本框中输入贴子的标题，然后在其下方较大的文本框中输入贴子的内容，单击【发表】按钮即可，如图6-77所示。

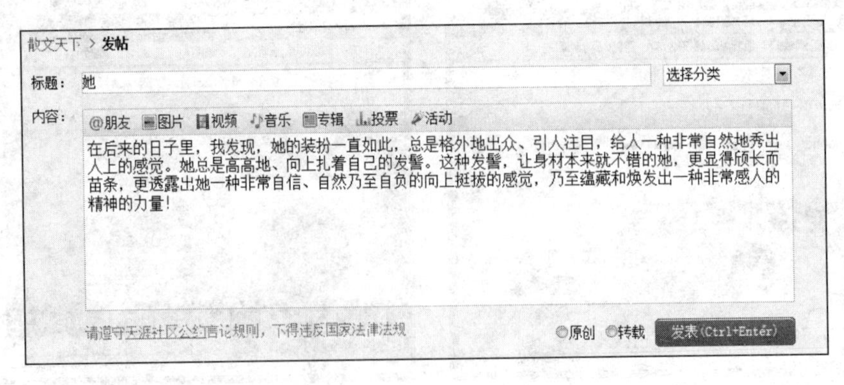

图6-77

6.3.5 浏览贴子

天涯社区的浏览权限是完全开放的，用户不需要登录也可以浏览论坛中的贴子。浏览贴子的具体操作步骤如下：

第 1 步 进入天涯论坛的首页，如果你是注册用户，可以登录天涯论坛；如果不是注册用户，可以单击【浏览进入】超链接。

第 2 步 进入天涯论坛后，在左侧列表中展开合适的分类，在下方列表中单击感兴趣的版块链接，在右侧的贴子列表中单击自己感兴趣的贴子，如图 6-78 所示。

左侧列表	贴子	作者	点击	回复	时间
+ 职业交流					
+ 大学校园	你敢留下，你喜欢的几本书，几首歌，几部电影，几部电视剧吗？	走不同的风格	338	23	11-21 11:39
天涯杂谈	求助TY, 与刚开始相处的男朋友吃饭付账的问题。	hencilla	89	7	11-21 11:38
法治论坛	不一样的心情或情景，听不一样的歌，你喜欢什么歌？	玲度晨曦	107	7	11-21 11:38
超级秀场	大三了，从来没有坐在男生的自行车后座上	琪的远方	253	23	11-21 11:35
青春那点事	当她提出结婚条件的时候我愣住了	蕊蕊嘿嘿	379	45	11-21 11:34
我的大学	敢不敢曝一下你的大学名字及专业？	寰雅小宅	10812	783	11-21 11:34
百姓声音	想走出"迷茫"吗？	走不同的风格	38	3	11-21 11:34
经济论坛	姐要考研——目标浙大！！！拼呀~~	呀呀呀丫头丫头	16466	1276	11-21 11:30
天天315	没有结婚的朋友们，千万别裸婚！	就这么被掉鱼了	30	2	11-21 11:29

图 6-78

第 3 步 在打开的网页中即可浏览贴子的内容，如图 6-79 所示。

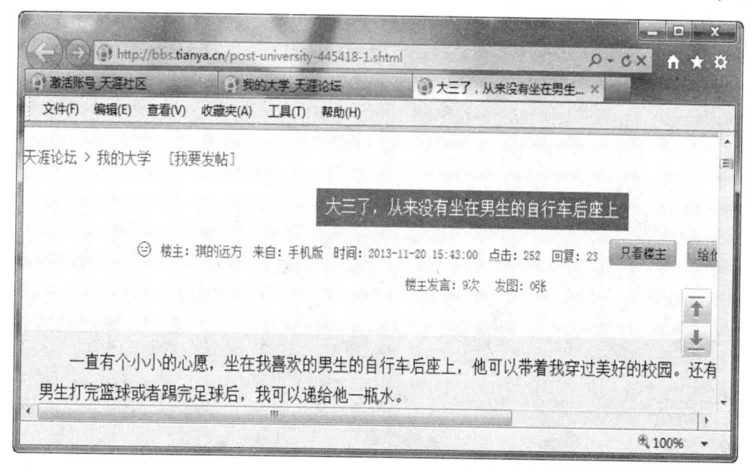

图 6-79

6.3.6 回复贴子

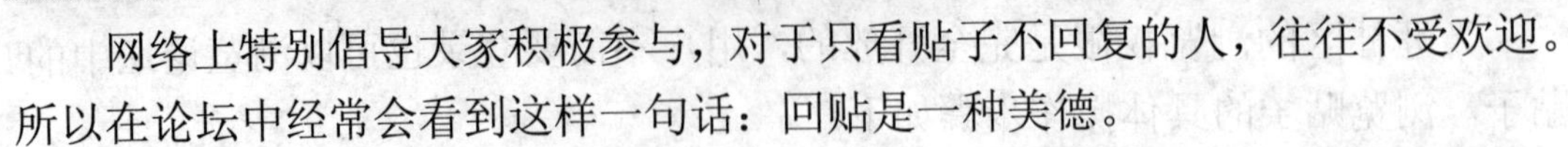

网络上特别倡导大家积极参与，对于只看贴子不回复的人，往往不受欢迎。所以在论坛中经常会看到这样一句话：回贴是一种美德。

我们在论坛中浏览贴子以后，可以对贴子的内容进行回复，发表自己对该贴子的看法或观点。回贴的操作十分简单，当浏览完某个贴子后，拖动窗口右侧的滚动条到页面下方，在文本框中输入需要回复的内容，然后单击【回复】按钮或者按下 Ctrl+Enter 键即可，如图 6-80 所示。

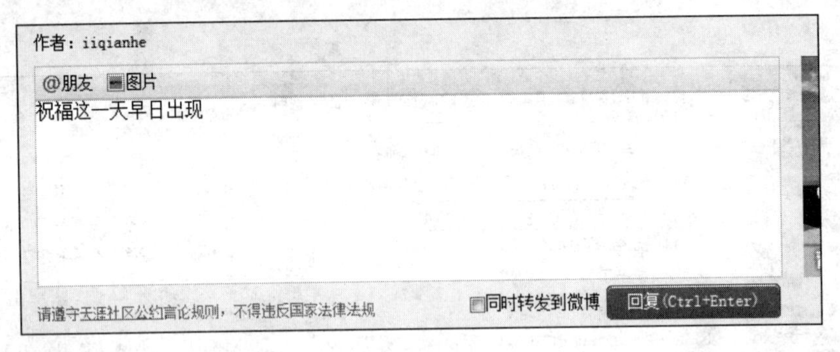

图 6-80

第 7 章　时髦的 QQ 聊天

内容导读

本章介绍了腾讯的即时通信工具 QQ 的使用方法，内容包括网络聊天常识，下载与安装 QQ，申请免费 QQ 号码，查找与添加好友，使用 QQ 进行文字、语音与视频聊天等，同时还介绍了 QQ 的窗口抖动、传送文件、QQ 群的使用等内容。通过本章的学习，读者可以学会使用 QQ 进行网络聊天。

本章要点

- 网络聊天常识
- 使用 QQ 聊天
- 了解 QQ 更多的功能
- 学会使用 QQ 群

7.1 网络聊天常识

随着即时通信工具的产生与发展，网络聊天被人们日趋接受，甚至已经成为现代人生活、工作与学习的一种方式。

7.1.1 网络聊天工具介绍

要进行网络聊天，就必须先安装网络聊天工具，也称为即时通信工具。目前最普及的网络聊天工具是腾讯QQ，除此以外还有很多，如MSN、阿里旺旺、网易POPO等。

1. 腾讯QQ

腾讯QQ(QQ)是腾讯公司开发的一款基于Internet的即时通信软件，其合理的设计、良好的易用性、强大的功能、稳定高效的系统运行赢得了广大用户的青睐。腾讯QQ支持在线聊天、视频电话、点对点断点续传文件、共享文件、网络硬盘、自定义面板、QQ邮箱等多种功能，并可与移动通信终端等多种通信方式相连。

2. MSN

MSN的全称是Microsoft Service Network(微软网络服务)，是微软公司推出的即时消息软件，可以与亲人、朋友、工作伙伴进行文字聊天、语音对话、视频会议等即时交流，还可以通过此软件来查看联系人是否联机。至今，微软已发布了两种MSN Messenger客户端，即MSN Messenger和Windows Live Messenger，其中Windows Live Messenger是绑定在操作系统中的应用程序。

3. 阿里旺旺

阿里旺旺是将原先的淘宝旺旺与阿里巴巴贸易通整合在一起的一个新品牌。它是淘宝和阿里巴巴为商人量身定做的免费网上商务沟通软件，可以发送即时消息、语音、视频及传输文件等，以帮助用户轻松找客户、发布并管理商业信息、及时把握商机、随时洽谈做生意。

4. 网易 POPO

网易 POPO 是由网易公司开发的一款免费的绿色多媒体即时通信工具，不仅支持即时文字聊天、语音通话、视频对话、文件断点续传等基本即时通讯功能，还提供邮件提醒、多人兴趣组、在线及本地音乐播放、网络电台、发送网络多媒体文件、网络文件共享、自定义软件皮肤等多种功能，并可与移动通信终端等多种通信方式相连。

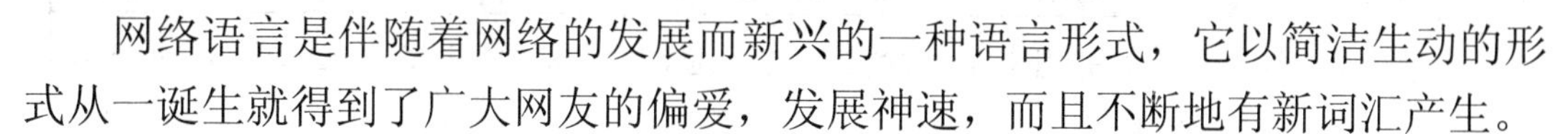

7.1.2 网络语言

网络语言是伴随着网络的发展而新兴的一种语言形式，它以简洁生动的形式从一诞生就得到了广大网友的偏爱，发展神速，而且不断地有新词汇产生。

网络聊天与平时的人与人之间的沟通略有不同，我们有必要事先了解一些网络语言，以避免上网时遇到网络语言不知所云，甚至产生误会。下面以列表的形式介绍一些常见的网上用语。

网络语言	解　　释
555	表示伤心，哭了
886	表示再见，有时也说 8 或 88
9494	表示同意某一观点，“就是就是”的意思
3Q	表示感谢，Thank you 的译音
GF	表示女朋友，Girl Friend 的缩写
BF	表示男朋友，Boy Friend 的缩写
MM	表示漂亮的女生，有时也说美眉、美女，同类的还有 GG(哥哥)、JJ(姐姐)等
OUT	表示落伍了，有出局的意思
PP	表示照片，有时也表示漂亮，即“片片”或“漂漂”的拼音缩写，利用叠音给人以可爱之感
BS	表示鄙视，汉语拼音的缩写形式，同类的还有 BT(变态)、JS(奸商)等
==	表示等等的意思，有时也说-=
☺	表示友好的微笑，同类的还有^_^或∩_∩
菜鸟	表示水平不高的新手，初级入门者，与之对应的网络词汇是“老鸟”、“大虾”

续表

网络语言	解　　释
东东	表示东西或事物，如“好东东”即好东西
帅锅	表示长相帅气的男生，相貌不好的男生则称为“青蛙”
美眉	表示美女，相貌不好的女性则称为“恐龙”
网友	表示通过网络结识的朋友
驴友	表示喜欢旅游的人，旅友的谐音，一般指背包一族
色友	表示喜欢摄影的人，也称“摄友”
楼主	表示论坛中发表某一主题的人
沙发	表示主题中第一个回帖的，通常叫“抢沙发”，第二个回帖的则叫“坐板凳”
晕	表示惊讶、无奈、受不了、不可理喻的心情时，常用该词汇，如“晕”、“晕死”、“晕了”、“真晕”等
拍砖	表示发表不同意见或批评
灌水	表示发表与主题无关的帖子
潜水	表示长期在线却不发言
顶	表示同意对方观点，支持的意思
汗	表示惭愧的意思
囧	表示郁闷、悲伤、无奈的意思
爱老虎油	表示我爱你，即 I Love You 的译音

7.2 使用 QQ 聊天

QQ 是由腾讯公司开发的一款即时通信软件，目前 QQ 已经像电话一样成为人们的一种联系方式。使用 QQ 聊天，不会产生额外的聊天费用，是朋友之间保持联系的一种实用工具。

7.2.1 下载与安装 QQ

使用 QQ 聊天之前要先在电脑中安装 QQ 软件，进入腾讯公司软件中心(http://im.qq.com)，可以下载并安装 QQ 软件，具体操作步骤如下：

第 1 步 启动 IE 浏览器，并在地址栏中输入 http://im.qq.com，按下回车键，进入腾讯软件中心，然后切换到【下载】选项卡，如图 7-1 所示。

第 2 步 选择要下载的 QQ 版本，然后单击【下载】按钮，如单击“QQ 2013”下方的【下载】按钮，如图 7-2 所示。

图 7-1

图 7-2

第 3 步 这时在网页的下方弹出一个信息条，单击【保存】按钮，如图 7-3 所示。

第 4 步 单击【保存】按钮后可以看到下载进度，这个过程需要等待。完成下载后，信息条中的按钮发生变化，如图 7-4 所示，此时单击【运行】按钮，开始安装 QQ 2013。

图 7-3

图 7-4

第 5 步 在弹出的【腾讯 QQ2013 安装向导】对话框中选择【我已阅读并同意软件许可协议和青少年上网安全指引】选项，然后单击【下一步】按钮，如图 7-5 所示。

第 6 步 在向导对话框的下一个页面中根据需要选择安装选项以及快捷方

式选项，然后单击【下一步】按钮，如图 7-6 所示。

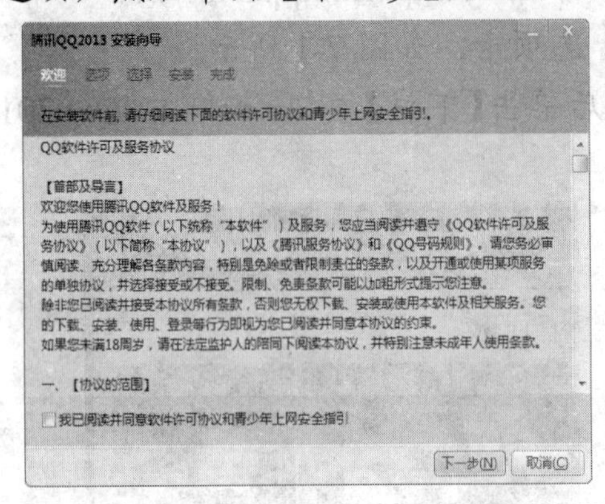

图 7-5

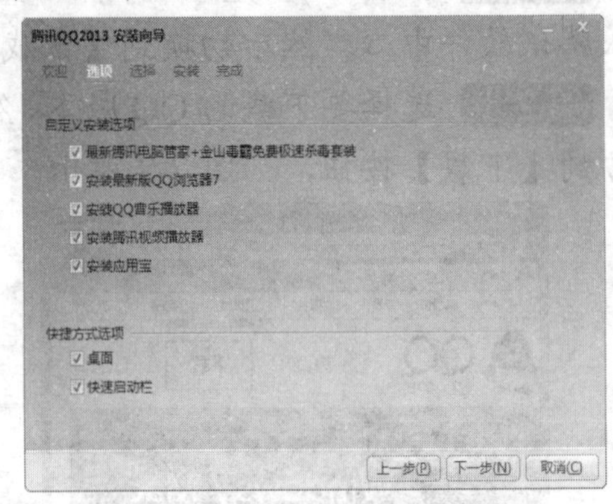

图 7-6

第 7 步 在向导对话框的下一个页面中选择 QQ 程序的安装路径，这里取默认路径即可，然后单击【安装】按钮，如图 7-7 所示。

第 8 步 在向导对话框的下一个页面中显示了安装进度，这里只需要等待即可，如图 7-8 所示。

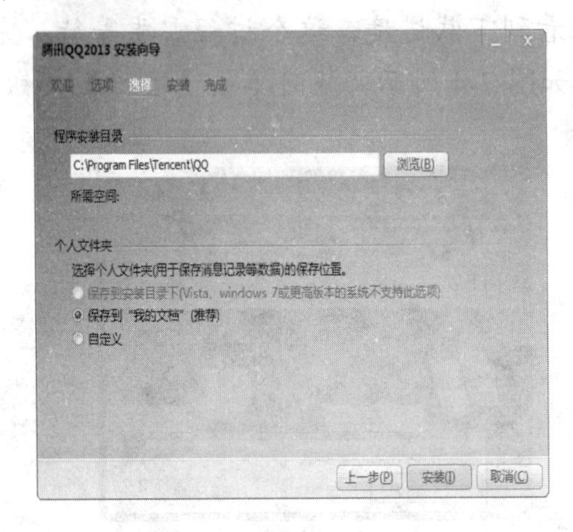

图 7-7

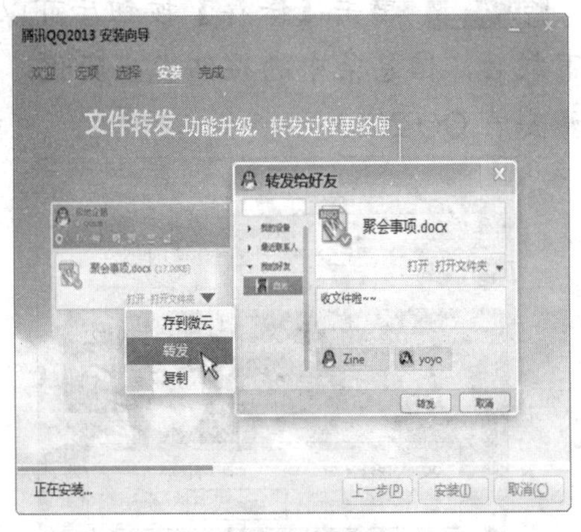

图 7-8

第 9 步 安装完成后进入到向导对话框的下一个页面中，这里要求选择更新方式，任意选择一项，然后单击【下一步】按钮，如图 7-9 所示。

第 10 步 在向导对话框的【安装完成】页面中显示了安装完成的提示信息，这里直接单击【完成】按钮即可，如图 7-10 所示。

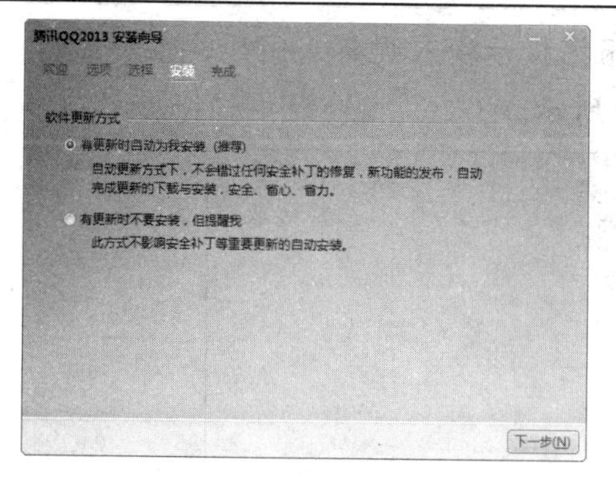

图 7-9

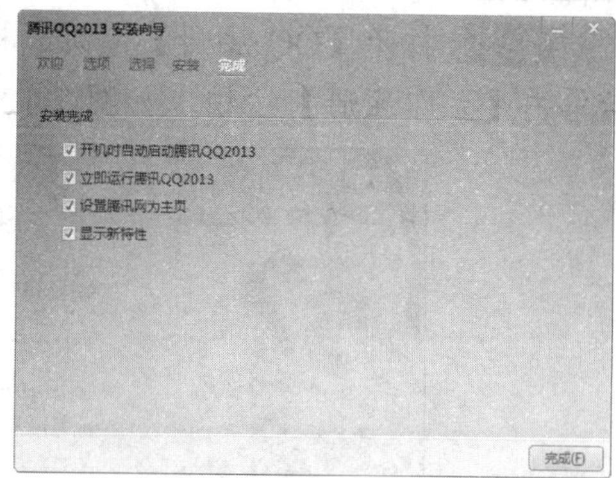

图 7-10

智慧锦囊

在安装 QQ 的过程中，用户可以更改默认的安装目录。安装完成以后，在最后的页面中可以进行简单的设置，如果不需要在开机时自动启动 QQ 程序，则可以取消【开机时自动启动腾讯 QQ2013】选项。

7.2.2 申请免费 QQ 号码

安装了 QQ 软件后，接下来要申请一个 QQ 号码，有了它，才能与朋友一起交流。申请 QQ 号码的操作方法如下：

第 1 步 双击桌面上的 QQ 图标，打开 QQ 的登录窗口，然后单击【注册帐号】文字链接，如图 7-11 所示。

图 7-11

第2步 打开【QQ注册】网页，根据提示输入昵称、密码、性别等信息，然后单击【立即注册】按钮，如图7-12所示。

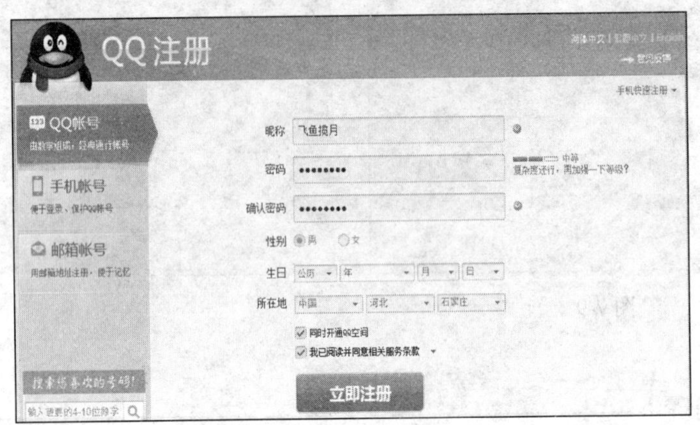

图7-12

第3步 在打开的页面中可以看到我们申请的QQ号码，如图7-13所示。

图7-13

7.2.3 登录QQ

有了QQ号码，就可以登录QQ，与好友进行聊天了。

登录QQ的具体方法为：双击桌面上的QQ图标，在打开的登录窗口中输入QQ号码和密码，单击【登录】按钮，就可以登录QQ了，如图7-14所示。

图 7-14

7.2.4 修改个人资料

登录 QQ 以后，就打开了 QQ 面板，这时我们可以随意修改个人资料，包括昵称、头像以及个人信息等，具体操作步骤如下：

第 1 步 登录 QQ 后，单击 QQ 面板上方的头像，这时会显示资料，如图 7-15 所示。

第 2 步 单击右上方的【编辑资料】按钮，这时可以对个人资料进行编辑，编辑完成以后，单击【保存】按钮即可，如图 7-16 所示。

图 7-15

图 7-16

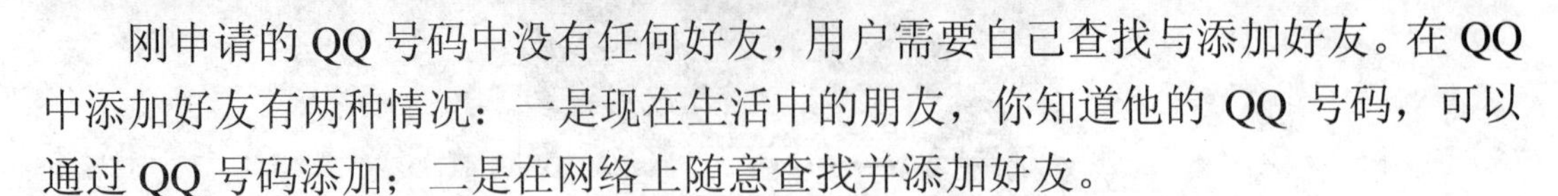

7.2.5 查找与添加好友

刚申请的QQ号码中没有任何好友，用户需要自己查找与添加好友。在QQ中添加好友有两种情况：一是现在生活中的朋友，你知道他的QQ号码，可以通过QQ号码添加；二是在网络上随意查找并添加好友。

1. 通过QQ号码添加好友

如果知道了朋友的QQ号码，通过QQ号码进行查找并添加，等待对方确认后，就可以将其添加为好友了。具体操作步骤如下：

第1步 单击QQ面板下方的【查找】按钮。

第2步 在弹出的【查找】对话框中输入好友的QQ号码，单击【查找】按钮，如图7-17所示。

图7-17

第3步 这时在对话框中将显示查到的个人与QQ群，如果要加个人为好友，单击其下方的【+好友】按钮，如图7-18所示。

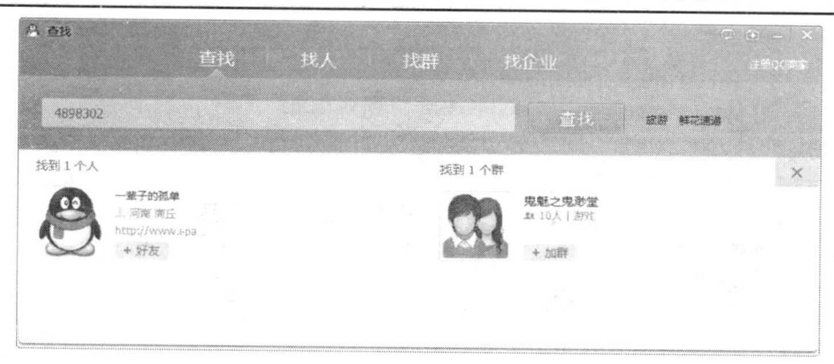

图 7-18

第 4 步 在弹出的【添加好友】对话框中输入验证信息，让对方知道自己的身份，然后单击【下一步】按钮，如图 7-19 所示。

第 5 步 在【添加好友】对话框中继续根据提示输入备注姓名，并选择分组，然后单击【下一步】按钮，则弹出如图 7-20 所示的界面，单击【完成】按钮即可。

图 7-19

图 7-20

添加好友以后，如果对方在线，任务栏右下角处将显示一个闪烁的小喇叭图标，提示有验证消息。通过了对方的验证后，就成功地添加了好友。

2. 随意查找并添加好友

如果想在网上随便添加一些不认识的人为好友，然后通过聊天来彼此认识，这时只需要设置条件即可，具体操作步骤如下：

第 1 步 参照前面的步骤打开【查找】对话框，切换到【找人】选项卡，在下方的条件栏中设置好需要查找的相关条件，然后单击【查找】按钮，如图 7-21 所示。

图 7-21

第 2 步 如果要添加某位网友为好友，则单击其下方的【+好友】按钮，如图 7-22 所示，在弹出的【添加好友】对话框中输入发送给对方的验证信息即可。

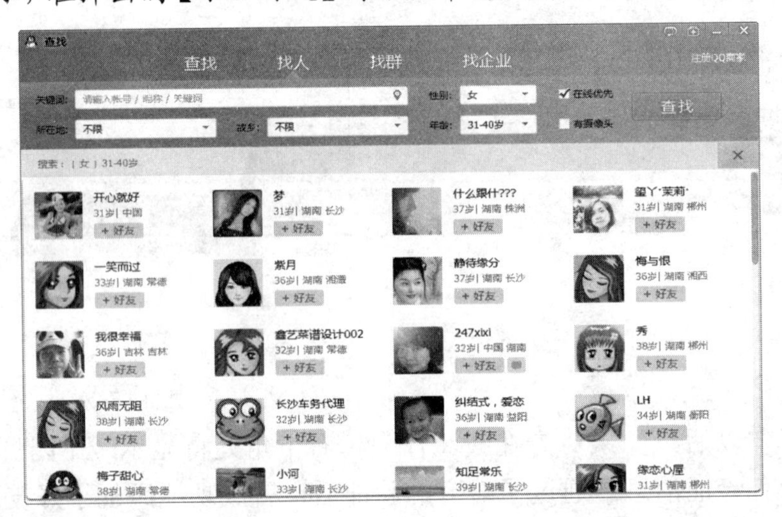

图 7-22

智慧锦囊

由于 QQ 的版本不同，操作方法、界面与按钮外观可能会存在一些区别。这里是以 QQ2013 版本为基础进行介绍的，所以，如果读者要对照书中的步骤进行操作，请确保 QQ 为最新的 2013 版本。

7.2.6 使用 QQ 聊天

添加了好友后，就可以进行 QQ 聊天了。如果好友在线，其头像是鲜艳的；如果好友不在线或隐身，则其头像是灰色的。

QQ 聊天的具体操作步骤如下：

第 1 步 在 QQ 面板中双击好友头像，打开聊天窗口，如图 7-23 所示。

第 2 步 在面板下方的窗格中输入文字，单击【发送】按钮(或按下 Ctrl+回车键)，这时对方的屏幕右下角会闪烁自己的头像，提示好友自己正在与他聊天。同样，如果好友回话了，自己的屏幕右下角也会闪烁好友的头像，同时好友的回话将显示在聊天窗口上方的窗格中，如图 7-24 所示。

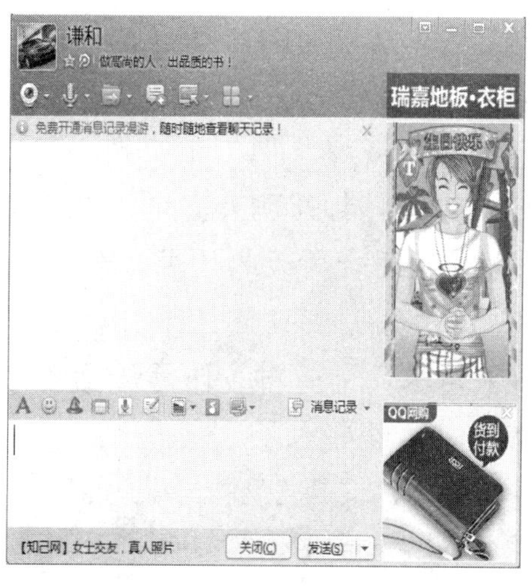

图 7-23

图 7-24

第 3 步 进行 QQ 聊天时，可以发送 QQ 表情来表达自己的喜怒哀乐，单击 😊 按钮，在打开的选项板中选择要发送的表情，单击【发送】按钮即可，如图 7-25 所示。

第 4 步 如果喜欢对方发送的表情，可以将其保存下来备用。在聊天窗口中选择对方发送的表情，单击鼠标右键，在弹出的快捷菜单中选择【添加到表情】命令即可保存下来，如图 7-26 所示。

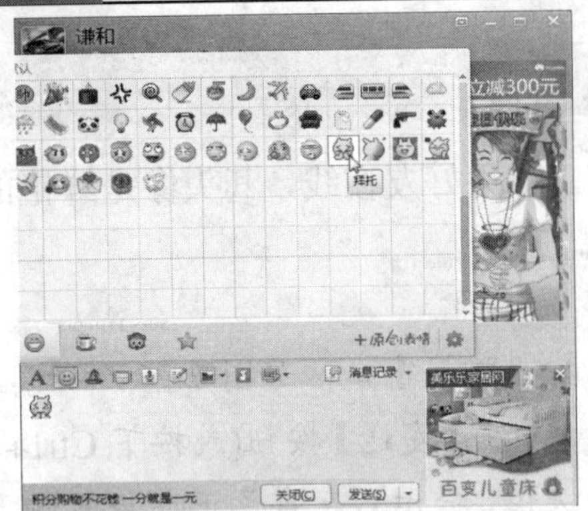

图 7-25

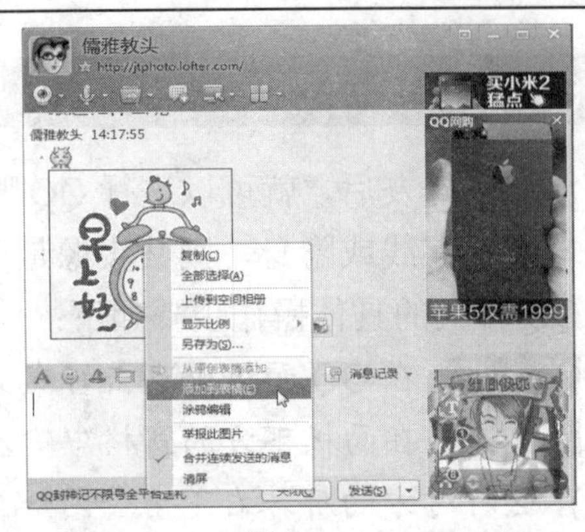

图 7-26

7.2.7 语音聊天

对于打字不熟练的人来说，选择语音聊天是非常方便的，既可以省去打字慢的烦恼，又能听见对方亲切的声音。语音聊天的操作方法如下：

第 1 步 将耳麦插入电脑中。

第 2 步 在 QQ 面板中双击要聊天的好友头像，打开聊天窗口，单击 QQ 面板上方的【开始语音会话】按钮，向对方发送语音聊天的请求，如图 7-27 所示。

第 3 步 此时对方 QQ 上将收到语音聊天请求，如果对方同意语音聊天，单击【接受】按钮，如图 7-28 所示，这时就可以语音聊天了。

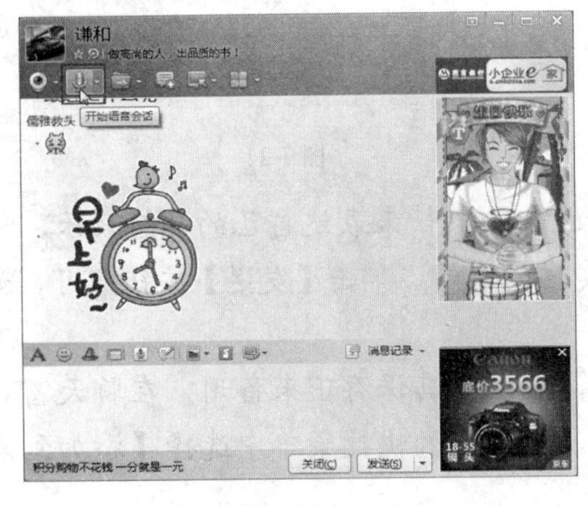

图 7-27

图 7-28

7.2.8　视频聊天

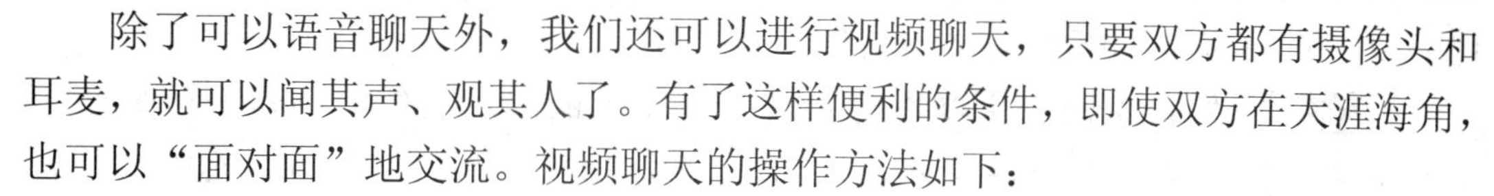

除了可以语音聊天外，我们还可以进行视频聊天，只要双方都有摄像头和耳麦，就可以闻其声、观其人了。有了这样便利的条件，即使双方在天涯海角，也可以“面对面”地交流。视频聊天的操作方法如下：

第 1 步 在电脑中安装摄像头，并插入耳麦。

第 2 步 在 QQ 面板中双击要聊天的好友头像，打开聊天窗口，单击 QQ 面板上方的【开始视频会话】按钮，向对方发送视频聊天的请求，如图 7-29 所示。

第 3 步 如果对方同意视频聊天，单击【接受】按钮，如图 7-30 所示，这时就可以视频聊天了，视频聊天的同时也可以语音聊天或文字输入聊天。

图 7-29

图 7-30

智慧锦囊

QQ 的视频聊天包含了语音聊天功能，所以在视频聊天时不必另发语音聊天请求，这时可以一边视频一边语音聊天，而且也可以同时进行文字聊天，非常方便。

7.2.9　查看聊天信息

QQ 还为用户提供了查看和保存聊天信息的功能，让用户随时都能查看与好友的聊天记录。

1. 通过聊天窗口查看

与好友聊天时，如果忘记了聊天内容，特别是一些重要信息时，可以通过聊天窗口查看以前的聊天信息，具体操作方法如下：

第1步 在QQ面板中双击要查看聊天记录的好友头像，打开聊天窗口，在聊天窗口的上方单击“查看更多消息”，这时就可以看到以前的聊天内容，如图7-31所示。

第2步 在聊天窗口中单击【消息记录】按钮，则在右侧窗格中可以看到更多的聊天记录，如图7-32所示。

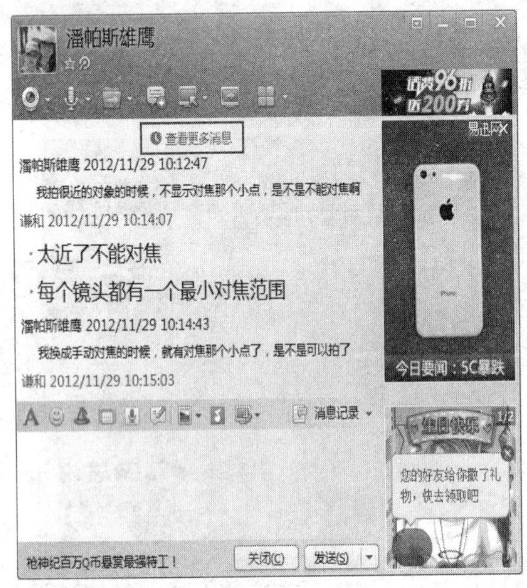

图7-31

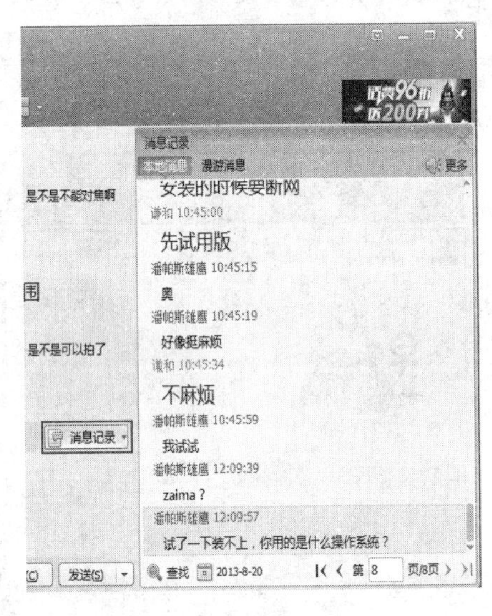

图7-32

2. 通过消息管理器查看

前一种方法只适合于针对某一个好友查看聊天记录，而通过消息管理器，可以更方便地查看每一位好友的聊天记录，具体操作步骤如下：

第1步 在QQ面板的底部单击【打开消息管理器】按钮，打开消息管理器，如图7-33所示。

第2步 在左侧的【消息分组】中选择好友，选中后会在右侧显示聊天信息，如图7-34所示。

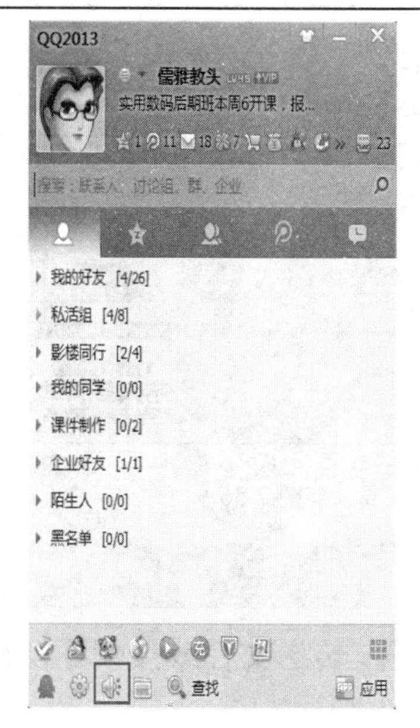

图 7-33

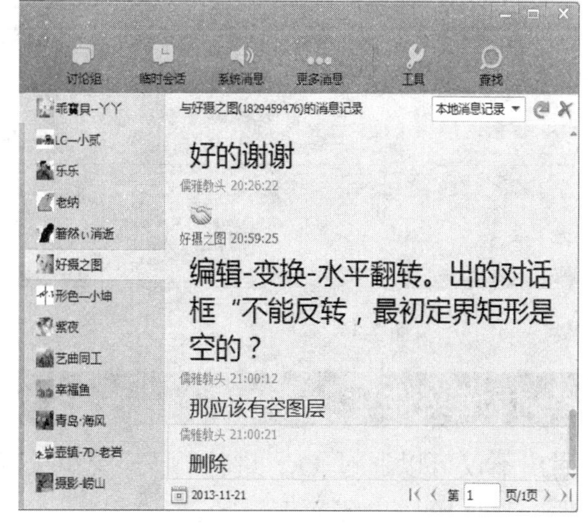

图 7-34

7.3 了解 QQ 更多的功能

如果您已经是一名 QQ 老用户，您一定会了解更多的 QQ 功能，例如传送文件、更换 QQ 皮肤、设置在线状态、QQ 空间等。的确，QQ 不仅仅是一个简单的聊天工具，它还拥有很多实用的通讯功能。

7.3.1 窗口抖动

在聊天的过程中，窗口抖动用于提醒对方，提示有网友找他，具体操作步骤如下：

第 1 步 在 QQ 面板中选择要聊天的好友，双击好友头像，打开聊天窗口，在聊天窗口中单击【向好友发送窗口抖动】按钮，即可向对方发送一个窗口抖动，如图 7-35 所示。

第 2 步 如果对方在线，其电脑屏幕会发生抖动，并在屏幕右下角出现一个提示，单击该提示即可打开聊天窗口进行聊天，如图 7-36 所示。

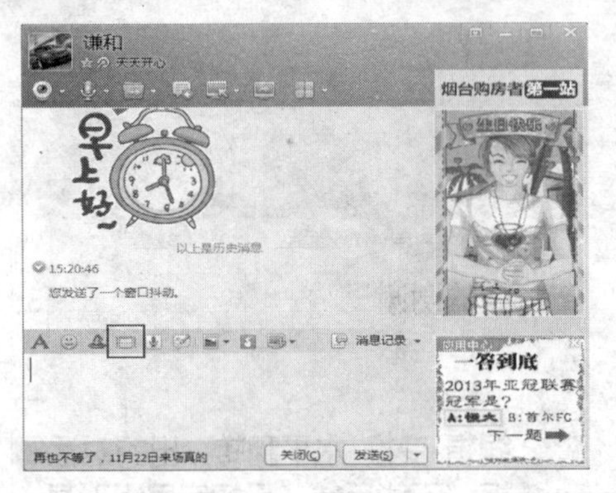

图 7-35

图 7-36

7.3.2 传送文件

用户不仅可以通过 QQ 进行聊天，还可以给好友传送文件或接收好友传送的文件，具体操作步骤如下：

第 1 步 在聊天窗口上方单击【传送文件】按钮，在打开的菜单中选择【发送文件/文件夹】命令，如图 7-37 所示。

第 2 步 在弹出的【选择文件/文件夹】对话框中选择要传送的文件，然后单击【发送】按钮，如图 7-38 所示。

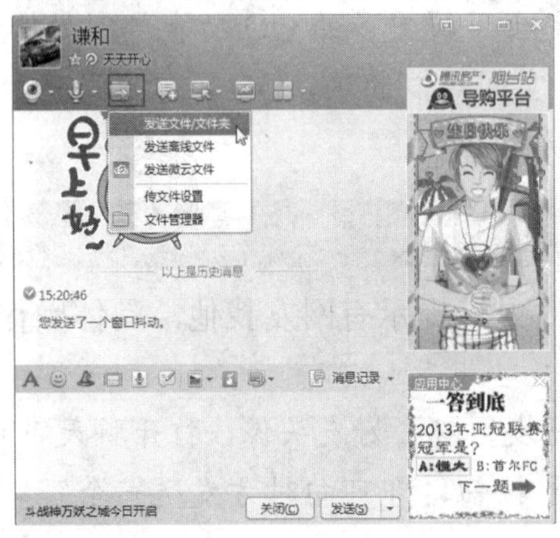

图 7-37

图 7-38

第 3 步 这时系统将向对方发送文件接收的请求，需要等待对方接收，如图 7-39 所示。

第 4 步 对方接受请求后，用户会在聊天窗口中看见文件传送的进度，如图 7-40 所示，这时只需耐心等待即可。

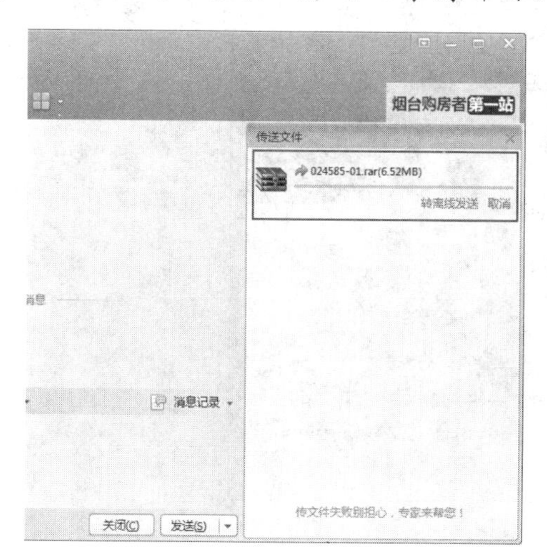

图 7-39

图 7-40

7.3.3 更换 QQ 皮肤

安装 QQ 软件以后，可以看到 QQ 默认的皮肤是蓝色的，用户可以根据自己的喜好更换 QQ 皮肤。更换 QQ 皮肤的具体操作步骤如下：

第 1 步 在 QQ 面板的上方单击【更改外观】按钮，则打开【更改外观】窗口，如图 7-41 所示。

图 7-41

第2步 如果只要改变皮肤，在预设的皮肤方案中选择一种即可；如果要使用自己的图片，则单击【自定义】按钮选择图片，如图7-42所示。

图 7-42

第3步 如果要更改颜色，可以在【更改外观】对话框中单击【调色板】色块，在打开的调色板中选择一种颜色即可，如图7-43所示，这时QQ面板的外观立即变成所设置的颜色。

图 7-43

第4步 设置了皮肤方案以后，可以通过单击窗口右下角的两个按钮来调整颜色的不透明度与面板的不透明度，如图7-44所示。

图 7-44

7.3.4　设置在线状态

使用 QQ 软件时可以设置不同的在线状态，单击 QQ 头像旁边的小箭头，则弹出在线状态设置菜单，从中选择相应的命令即可，例如，当正在忙碌工作时，可以选择【请勿打扰】命令，如图 7-45 所示。

另外，如果要设置更详细的信息，让好友知道自己正在忙碌工作，不要打扰，这时可以在打开的菜单中选择【添加状态信息】命令，则弹出【状态信息设置】对话框，在该对话框中选择状态后，再输入要提示的文字内容即可，如图 7-46 所示。

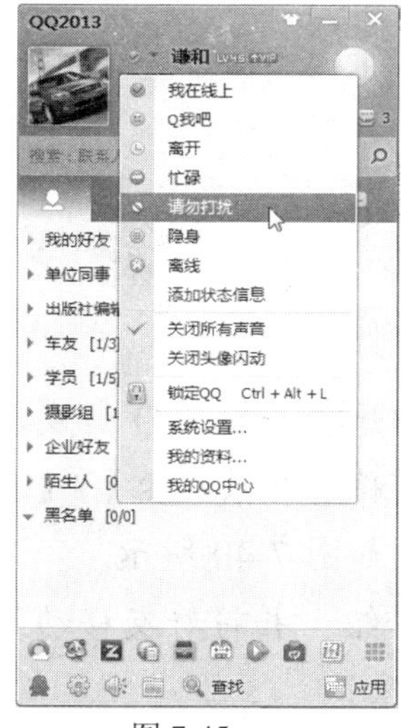

图 7-45

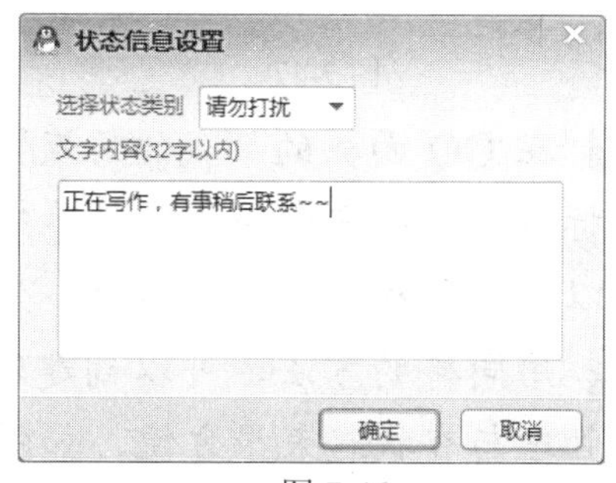

图 7-46

7.3.5 好友管理

当用户的好友比较多时，可以对好友进行分类管理，即根据需要创建不同的分组，然后将同一类的好友移动至相应的分组中。具体的操作步骤如下：

第 1 步 在 QQ 面板中单击鼠标右键，在弹出的快捷菜单中选择【添加分组】命令，如图 7-47 所示。

第 2 步 这时将创建一个新的分组并自动激活，输入新分组的名称即可，例如“我的同学”，如图 7-48 所示，这样就创建了一个新分组。

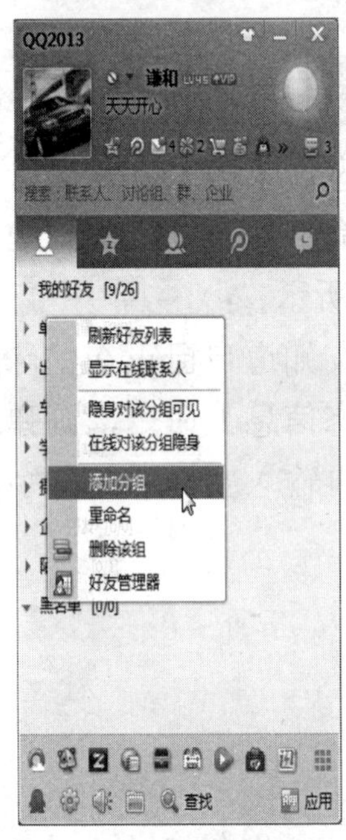

图 7-47

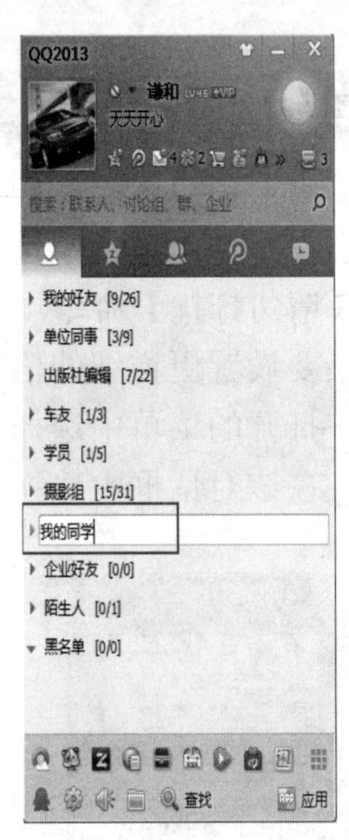

图 7-48

第 3 步 在 QQ 面板的“我的好友”分组中选择一位 QQ 好友，并在其头像上单击鼠标右键，在弹出的快捷菜单中选择【移动联系人至】/【我的同学】命令，就可以将其移动到“我的同学”分组中，如图 7-49 所示。

第 4 步 用同样的方法，可以创建不同的分组，并将好友移动到相应的分组中，这样管理与查找起来很方便，如图 7-50 所示。

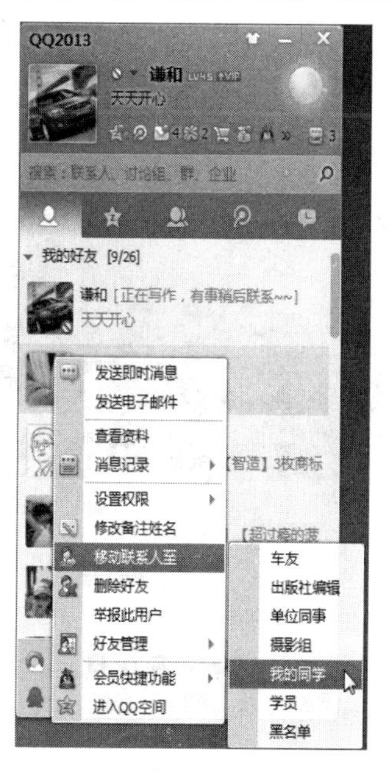

图 7-49

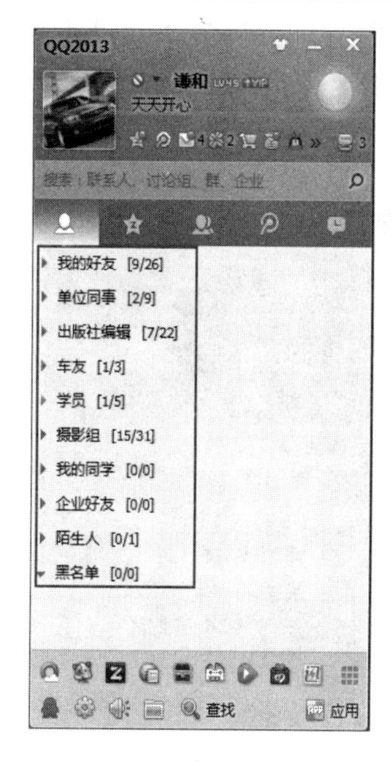

图 7-50

第 5 步 如果要便于记忆与识别，还可以更改好友的备注姓名。在 QQ 好友的头像上单击鼠标右键，在弹出的快捷菜单中选择【修改备注姓名】命令，如图 7-51 所示。

第 6 步 在弹出的【修改备注姓名】对话框中输入真实姓名，然后单击【确定】按钮即可，如图 7-52 所示，这样就比较容易识别 QQ 好友了。

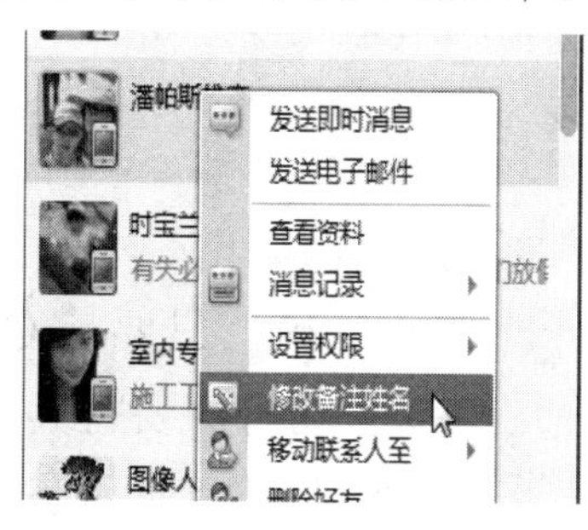

图 7-51

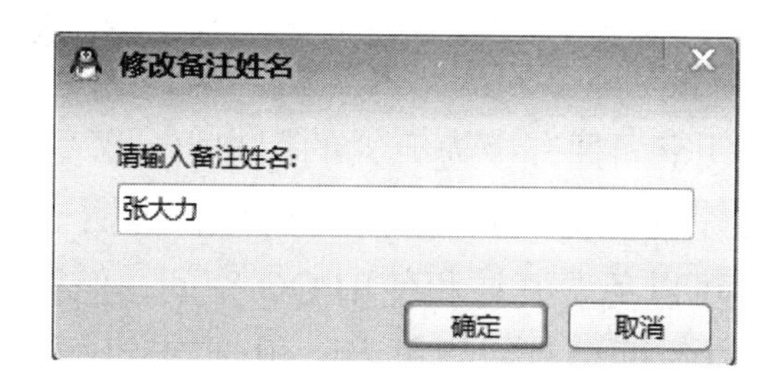

图 7-52

第 7 步 如果要查看好友信息，可以在 QQ 好友头像上单击鼠标右键，在弹出的快捷菜单中选择【查看资料】命令，如图 7-53 所示。

第 8 步 在弹出的面板中可以看到好友详细的信息，但这些信息不一定是真实的，如图 7-54 所示。

图 7-53

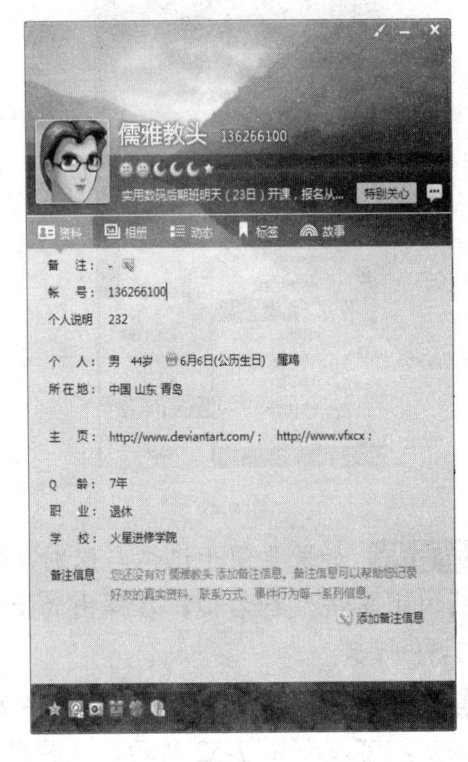

图 7-54

7.3.6　QQ 空间

QQ 空间拥有极为庞大的用户群，深受用户的喜爱。它是腾讯公司推出的个人网上空间服务，具有博客的功能，属于 QQ 的一个附加功能，只要是 QQ 用户，就可以免费开通和使用 QQ 空间，但第一次使用 QQ 空间时需要将其激活。

QQ 空间拥有网络日志、相册、音乐盒、留言板以及互动等专业动态功能，使用起来十分方便。在 QQ 空间上可以写日记、上传自己的图片、听音乐、写心情等，通过多种方式展现自己。除此之外，用户还可以根据自己的喜爱设定空间的背景、小挂件等，从而使每个空间都有自己的特色，如图 7-55 所示。

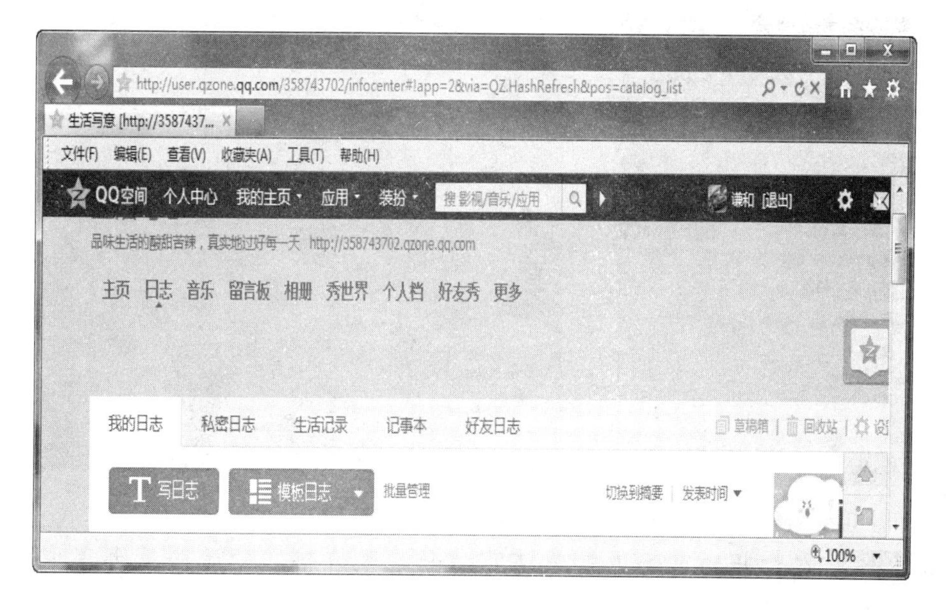

图 7-55

7.4 学会使用 QQ 群

QQ 群是腾讯公司推出的多人交流的服务，群主创建群以后，可以邀请朋友或者有共同兴趣爱好的人到一个群里面聊天。在群内除了聊天外，腾讯还提供了群空间服务。在群空间中，用户可以使用群 BBS、相册、共享文件等多种方式进行交流。

7.4.1 创建 QQ 群

任何人都可以创建 QQ 群，但是等级不同，创建 QQ 群的权限也不一样。下面以创建普通群为例介绍创建 QQ 群的方法，具体操作步骤如下：

第 1 步 在 QQ 面板中切换到【群/讨论组】选项卡，然后单击右侧的【创建】按钮，在弹出的菜单中选择【创建群】命令，如图 7-56 所示。

第 2 步 这时将弹出【创建群】窗口，并提供了若干的分类供用户选择，这里单击“兴趣爱好”分类，如图 7-57 所示。

图 7-56

图 7-57

第 3 步 在打开的页面中需要填写群的基本资料，完成后单击【下一步】按钮，如图 7-58 所示。

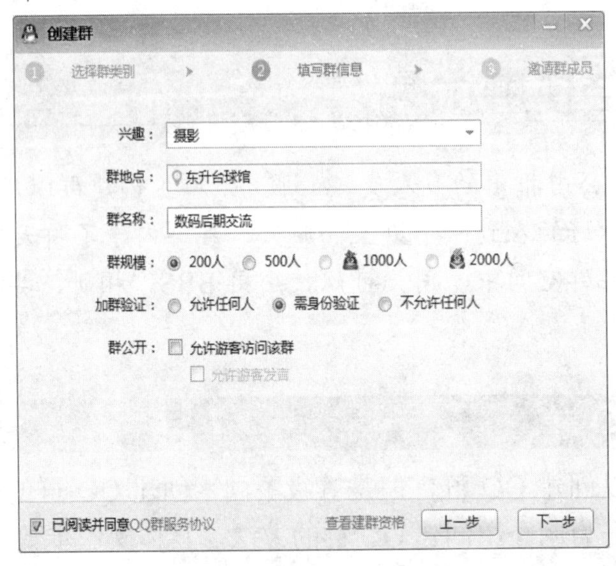

图 7-58

第 4 步 在打开的下一个页面中要求用户添加群成员，这时在左侧的好友列表中选择要添加的 QQ 好友，然后单击【添加】按钮，即可添加到右侧的群成员列表中，最后单击【完成创建】按钮，如图 7-59 所示。

图 7-59

第 5 步 在接下来的页面中可以对创建的 QQ 群进行一些设置，如更换群头像、设置群名称、编辑群介绍等，根据需要填写后，单击【保存】按钮，然后关闭该对话框即可，如图 7-60 所示。

图 7-60

7.4.2 加入 QQ 群

如果已经知道某个 QQ 群号，可以通过群号申请并加入到该群，具体操作步骤如下：

第 1 步 在 QQ 面板中单击下方的【查找】按钮，则弹出【查找】对话框，如图 7-61 所示。

图 7-61

第 2 步 在该对话框中切换到【找群】选项卡，在文本框中输入要查找的群号，然后单击【查找】按钮，如图 7-62 所示。

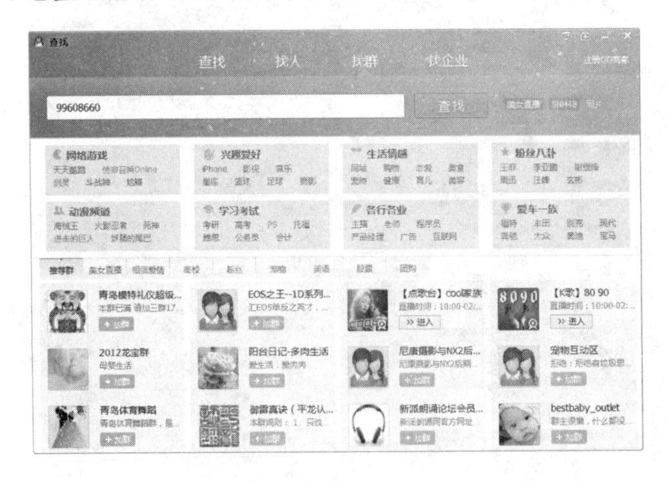

图 7-62

第 3 步 在查找结果中选择该群，然后单击其右下角的【加群】按钮，如图 7-63 所示。

图 7-63

第 4 步 在弹出的【添加群】对话框的文本框中输入请求信息，然后单击【下一步】按钮，如图 7-64 所示。

第 5 步 在弹出的下一个界面中单击【完成】按钮，如图 7-65 所示，之后等待该群群主批准加入即可。

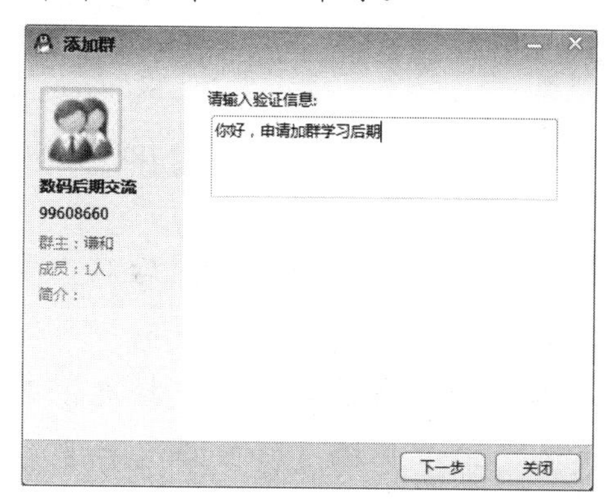

图 7-64

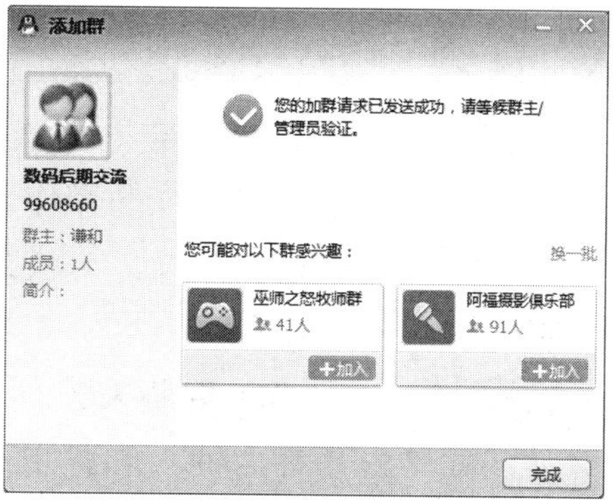

图 7-65

7.4.3 使用 QQ 群聊天

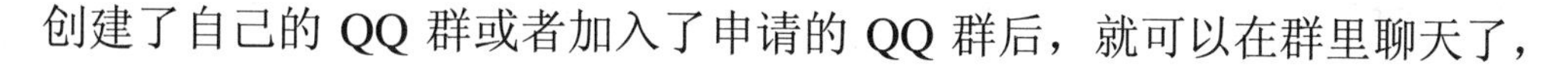

创建了自己的 QQ 群或者加入了申请的 QQ 群后，就可以在群里聊天了，

具体操作步骤如下：

第 1 步 打开 QQ 面板，切换到【群/讨论组】选项卡，双击要聊天的 QQ 群图标，如图 7-66 所示。

第 2 步 在弹出的群聊天窗口中可以和群里的好友一起聊天，如图 7-67 所示，窗口的左侧为聊天窗口，右侧为群成员列表。

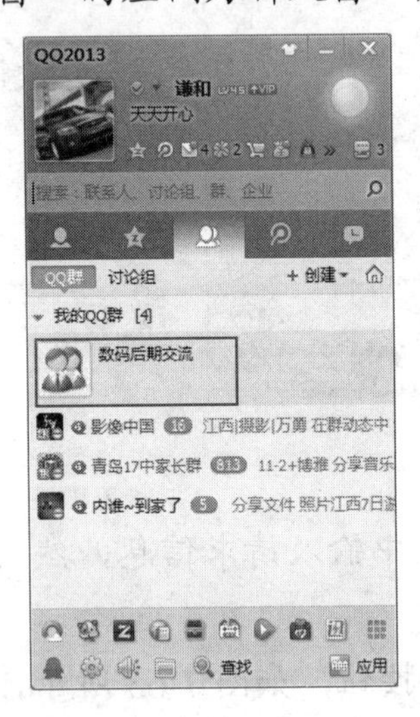

图 7-66

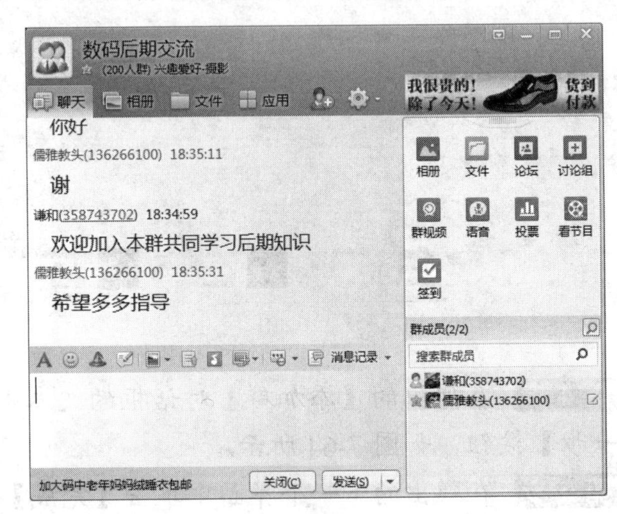

图 7-67

7.4.4 修改群名片

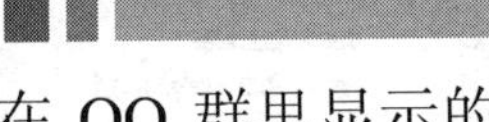

群名片是在某个 QQ 群里的个人资料，即在 QQ 群里显示的名字，与 QQ 本身昵称无关。修改群名片的操作步骤如下：

第 1 步 打开 QQ 面板，切换到【群/讨论组】选项卡，然后双击要操作的 QQ 群。

第 2 步 打开 QQ 群聊天窗口，在右侧的群成员列表中选择要修改群名片的群员，并单击鼠标右键，在弹出的快捷菜单中选择【修改群名片】命令，如图 7-68 所示。

第 3 步 在弹出的面板中分别输入群昵称、性别、电话、邮箱等信息，可以只输入其中的一项或几项，然后单击右上方的【保存】按钮，再关闭该面板即可，如图 7-69 所示。

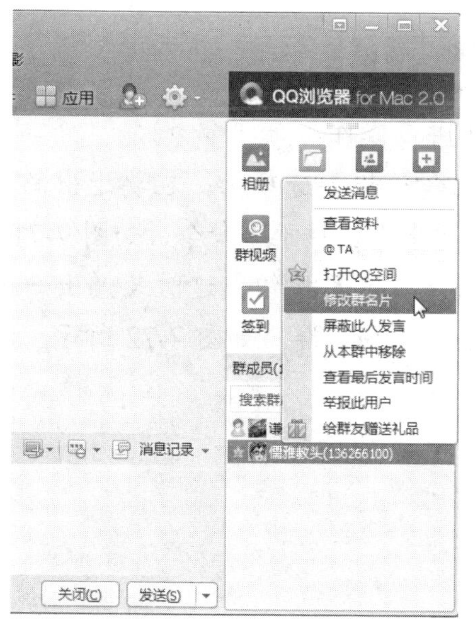

图 7-68

图 7-69

7.4.5 屏蔽群消息

加入 QQ 群以后，当 QQ 群内有聊天记录时，桌面右下角的 QQ 图标就会不断地闪动。如果用户正在工作中，就会分散精力，这时可以屏蔽群消息，这样即使 QQ 群内有聊天记录，QQ 也不会闪动。

屏蔽群消息的方法很简单，在要屏蔽的群上单击鼠标右键，在弹出的快捷菜单中选择【群消息设置】命令，然后选择【不提示消息只显示数目】命令，如图 7-70 所示，这样即可屏蔽群消息，而且还可以显示聊天记录的数目。当然也可以选择其他命令。

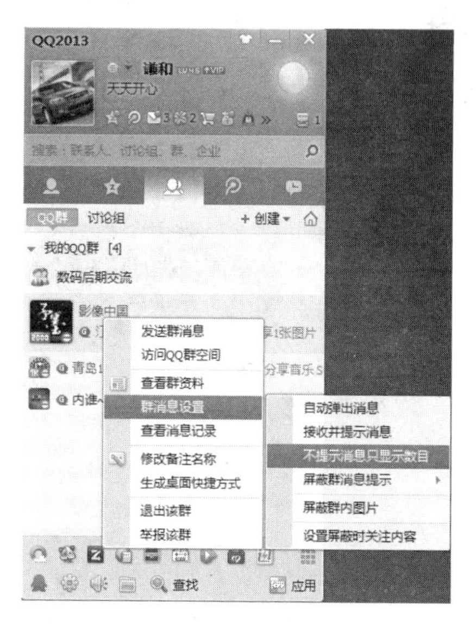

图 7-70

7.4.6 退出 QQ 群

如果要退出 QQ 群，可以按如下步骤进行操作：

第 1 步 打开 QQ 面板，切换到【群/讨论组】选项卡，在要退出的 QQ 群上单击鼠标右键，在弹出的快捷菜单中选择【退出该群】命令，如图 7-71 所示。

第 2 步 在弹出的提示信息框中单击【确定】按钮，这时又弹出一个提示信息框，再次单击【确定】按钮，即可退出该 QQ 群，如图 7-72 所示。

图 7-71

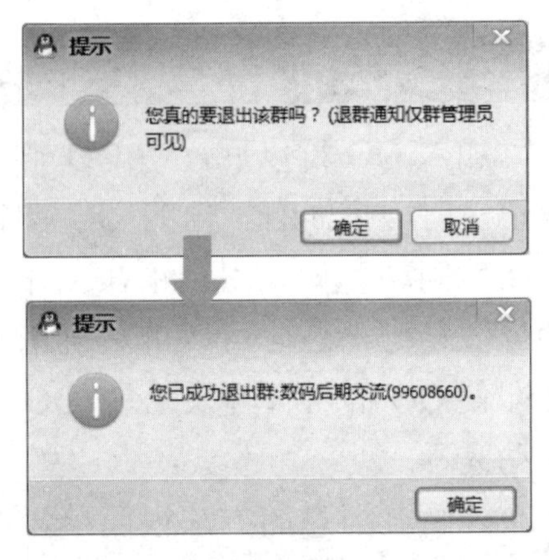

图 7-72

第 8 章　网络安全与杀毒

内容导读

网络为人们带来方便的同时也带来了危害，因此必须时刻防范病毒与木马的入侵。本章主要介绍了网络安全与杀毒方面的基本知识，内容包括电脑病毒与木马的概念、电脑病毒的特点、传播途径与防范措施；同时还介绍了几款常见的杀毒工具以及使用金山毒霸对电脑进行查杀病毒的方法。

本章要点

- 电脑病毒常识
- 杀毒工具介绍
- 使用金山毒霸

8.1 电脑病毒常识

长期上网或者使用电脑工作的人，一般都有过电脑中毒的经历，因为电脑病毒总是防不胜防。但是病毒并不可怕，可怕的是没有防毒意识。本节将介绍一些相关的病毒常识，让大家学会防毒与杀毒。

8.1.1 什么是电脑病毒

电脑病毒是指人为编制的或者在计算机程序中插入的，破坏电脑功能或者毁坏数据、影响电脑使用、并能自我复制的一组计算机指令或程序代码。它可以把自己复制到存储器中或其他程序中，进而破坏电脑系统，干扰电脑的正常工作。这与生物病毒的一些特性很类似，因此称为电脑病毒。

智慧锦囊

在《中华人民共和国计算机信息系统安全保护条例》中对计算机病毒进行了明确的定义：计算机病毒是指编制或者在计算机程序中插入的破坏计算机功能或者破坏数据，影响计算机使用并且能够自我复制的一组计算机指令或者程序代码。

8.1.2 电脑病毒的特点

就像传染病是人类的克星一样，电脑病毒是电脑的克星，我们必须充分地认识它，时时防范，不能掉以轻心。下面介绍一下电脑病毒的特点。

(1) 破坏性。电脑感染病毒后，在一定条件下，病毒程序会自动运行，恶意占用电脑资源、破坏电脑数据、使程序无法运行等，甚至导致电脑瘫痪，破坏性极强。

(2) 传染性。传染性是病毒的重要特征，当使用光盘、U盘等交换数据或者上网冲浪时，如果不注意防范，则很容易被传染电脑病毒。电脑病毒的传播途径主要是数据交换感染，如果我们的电脑不与外界的任何数据发生交换，就不会感染病毒。

(3) 寄生性。电脑病毒往往不是独立的小程序，而是寄生在其他程序之中，当用户执行这个程序时，病毒就会发作，这是非常可怕的。

(4) 隐藏性。电脑病毒的隐藏性很强，即使电脑感染了病毒，如果不使用专业工具则很难发现。一个编写巧妙的病毒程序可以隐藏几个月甚至几年而不被发现。

(5) 多变性。很多电脑病毒并不是一成不变的，它会随着时间与环境的变化产生新的变种病毒，这更增加了防范病毒的难度。

(6) 潜伏性。电脑病毒在侵入电脑系统后，破坏性有可能不会马上表现出来。它往往会在系统内潜伏一段时间，等待发作条件的成熟。触发条件一旦得到满足，病毒就会发作。

8.1.3 什么是木马

从本质上说，木马也是一种病毒，也是一段电脑程序，但是木马与传统意义上的病毒又存在着一定的区别，它被用来盗取用户的个人信息或者诱导用户执行该程序以达到盗取密码等各种数据的目的。下面简单介绍一些木马的分类。

(1) 破坏型木马：这种木马能够自动删除电脑上的某些重要文件，例如一些后缀名为 dll、ini、exe 的文件。

(2) 密码发送型木马：这种木马主要被用来盗窃用户的隐私信息，它能够把隐藏的密码找出来并且发送到指定的信箱。

(3) 键盘记录木马：这种木马只做一件事，就是记录用户的键盘操作记录，然后在硬盘的文件里查找密码并发送到指定的信箱。

(4) 程序查杀木马：这种木马主要是用来关闭用户电脑上运行的一些监控程序，以便让其他木马更好地发挥作用。

8.1.4 电脑病毒的传播与防范

电脑病毒产生的原因很多，传播的途径也很多，下面几种情况最容易传染病毒。

(1) 多人共用一台电脑。在多人共用的电脑上，由于每个人对病毒的防范意识不同，使用的文件来源各异，这样就容易为病毒的传播提供可乘之机。

(2) 从网络上下载文件或者浏览不良网站。目前，互联网是电脑病毒的主要传播途径。从网络上下载文件、接收电子邮件、QQ 传输文件等都可能传染病毒，另外一些不良网站也是病毒的滋生地。

(3) 盗版光盘与软件。来路不明的盗版光盘或软件极有可能携带病毒。

(4) U 盘或 MP3 等 USB 设备。现在 USB 外接技术越来越强大，U 盘、移动硬盘、数码相机、MP3 等都可以与电脑直接相连，所以这方面也成了病毒传播的途径之一，在使用外来 USB 设备时，一定要先查杀病毒。

电脑病毒的危害极大，在日常工作中一定要注意防范，及时采取措施，不给病毒以可乘之机。为了防止电脑感染病毒，要注意以下几个方面：

(1) 安装反病毒软件。

(2) 在公用电脑上用过的 U 盘，要先查毒和杀毒后再在自己的电脑上使用，避免感染病毒。

(3) 使用正版软件，不使用盗版软件。

(4) 在互联网上下载文件时要注意先杀病毒；接收电子邮件时，不随便打开不熟悉或地址奇怪的邮件，要直接删除它。

(5) 电脑中的重要数据要做好备份，这样一旦电脑染上病毒，也可以及时补救。

(6) 当电脑出现异常时，要及时查毒并杀毒。

(7) 使用 QQ 聊天时，不要接收陌生人发送的图片或单击陌生人发送的不明网址。

8.2 杀毒工具介绍

虽然电脑病毒的种类越来越多，表现形式也多种多样，但是，完全没有必要“谈毒色变”，各种反病毒软件就是电脑病毒的克星，只要在电脑中安装一款专业的杀毒软件，就可以拦截病毒的入侵，使电脑健康地运行。

8.2.1 瑞星杀毒

瑞星杀毒软件(Rising Antivirus)(简称 RAV)采用获得欧盟及中国专利的六项核心技术，形成全新的软件内核代码，具有八大绝技和多种应用特性。瑞星杀毒软件的最新版本是瑞星杀毒软件 V16，一改之前以年号命名版本的惯例，它是以引擎技术的代号作为版本号，目的是更加明确瑞星以安全技术和用户体验为核心的宗旨，让用户随时感受到瑞星产品的进步。

如图 8-1 所示是瑞星杀毒软件 V16 的主界面，这次版本升级采用了更加高效、安全、独立的界面开发技术，对产品的性能和兼容性进行了大幅提升，使瑞星杀毒软件的界面展示效率更高、效果更好。它是一款基于瑞星“云安全”系统设计的新一代杀毒软件。

图 8-1

8.2.2 金山毒霸

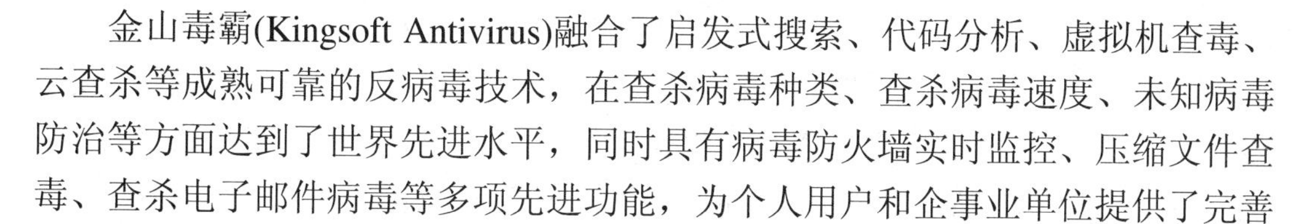

金山毒霸(Kingsoft Antivirus)融合了启发式搜索、代码分析、虚拟机查毒、云查杀等成熟可靠的反病毒技术，在查杀病毒种类、查杀病毒速度、未知病毒防治等方面达到了世界先进水平，同时具有病毒防火墙实时监控、压缩文件查毒、查杀电子邮件病毒等多项先进功能，为个人用户和企事业单位提供了完善的反病毒解决方案。

金山毒霸 2013 更名为新毒霸(悟空)，是金山毒霸 2012 的升级换代版，拥有各类强大的功能，是其他杀毒软件无法比拟的。新毒霸首创了电脑、手机双平

台杀毒，不仅可以查杀电脑病毒，还可以查杀手机中的病毒木马，这一创新遥遥领先了同类产品；同时提供了全新的“火眼”系统，用户通过精准的分析报告，可以对病毒行为了如指掌，深入了解自己电脑的安全状况。如图 8-2 所示为新毒霸 2013 的主界面。

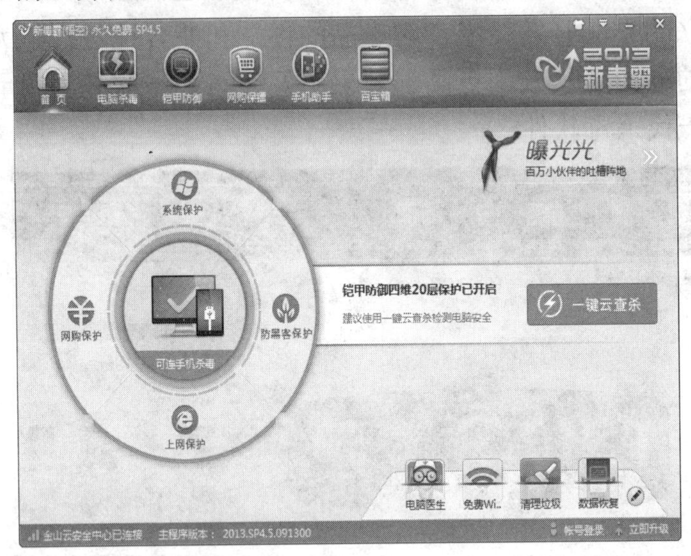

图 8-2

8.2.3　360 杀毒

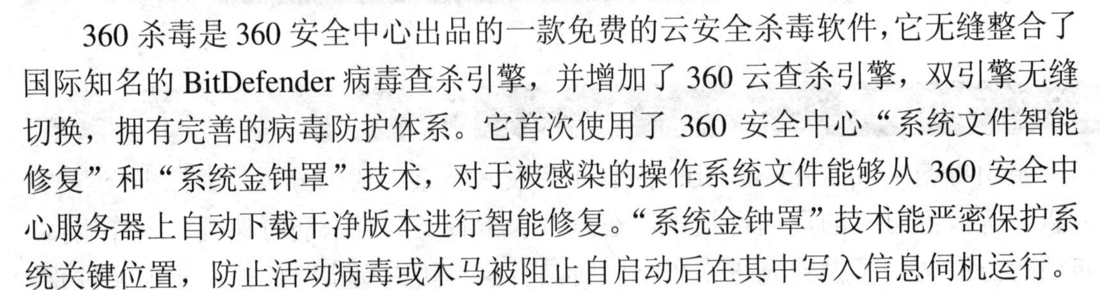

360 杀毒是 360 安全中心出品的一款免费的云安全杀毒软件，它无缝整合了国际知名的 BitDefender 病毒查杀引擎，并增加了 360 云查杀引擎，双引擎无缝切换，拥有完善的病毒防护体系。它首次使用了 360 安全中心“系统文件智能修复”和“系统金钟罩”技术，对于被感染的操作系统文件能够从 360 安全中心服务器上自动下载干净版本进行智能修复。“系统金钟罩”技术能严密保护系统关键位置，防止活动病毒或木马被阻止自启动后在其中写入信息伺机运行。同时，对于通过 U 盘扩散的病毒或木马有了更好的防御。

360 杀毒具有查杀率高、资源占用少、升级迅速等优点，是一个理想的杀毒软件。360 杀毒是一款一次性通过 VB100 认证的国产杀毒软件。如图 8-3 所示为 360 杀毒软件的主界面。

图 8-3

8.3 使用金山毒霸

通常情况下，我们的电脑中都要安装一款杀毒软件，这样可以有效防范电脑病毒与木马的入侵。前面我们已经介绍了几款流行的杀毒工具，除此之外还有很多杀毒工具，用户可以根据自己的喜好选择并安装。这里介绍使用金山毒霸查杀电脑病毒的方法。

8.3.1 一键云查杀

新毒霸(悟空)为了满足不同用户的查杀需要，在软件页面中提供了不同的查杀病毒模式。新毒霸 2013 的首页上提供了【一键云查杀】按钮，单击它可以快速地对电脑进行扫描并杀毒。这种杀毒模式将根据系统状况扫描病毒可能存活的所有关键位置，接入最新的 KSC 引擎更全面地查杀活体病毒，同时接入系统修复引擎修复系统常见的各种异常。对电脑进行一键云查杀的具体操作步骤如下：

第 1 步 启动新毒霸 2013，该界面中有一个【一键云查杀】按钮，用于快速执行云查杀操作，如图 8-4 所示。

图 8-4

第 2 步 单击【一键云查杀】按钮，进入病毒查杀界面，上方显示扫描进度，下方显示扫描信息，其中包括扫描项目、统计、结果三项，如图 8-5 所示。

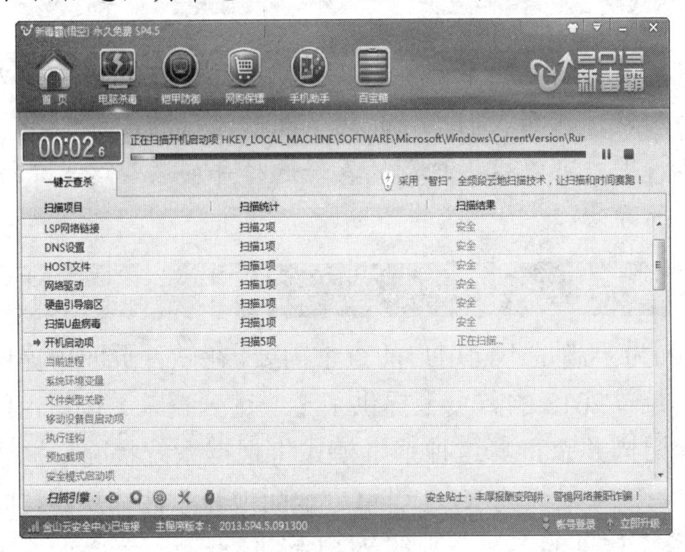

图 8-5

第 3 步 扫描完成以后，将提示扫描结果。如果查到病毒，将显示查到的病毒数目及处理要求；如果没有病毒，将出现如图 8-6 所示的页面，这里检测到了 8 个系统漏洞，修复即可。

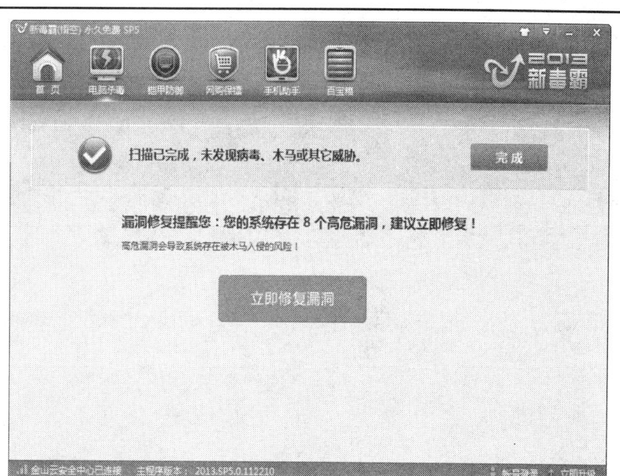

图 8-6

8.3.2 全盘查杀

一键云查杀模式方便快捷，但是并不是彻底地查杀病毒，而全盘查杀模式是对全盘所有文件的扫描模式，同时结合了一键云查杀的所有功能，比较彻底，但是杀毒时间较长，因为它要对电脑中的文件进行逐一扫描。全盘查杀的具体操作步骤如下：

第 1 步 启动新毒霸 2013，切换到【电脑杀毒】界面，在该界面中有两种典型的查杀模式，如图 8-7 所示。

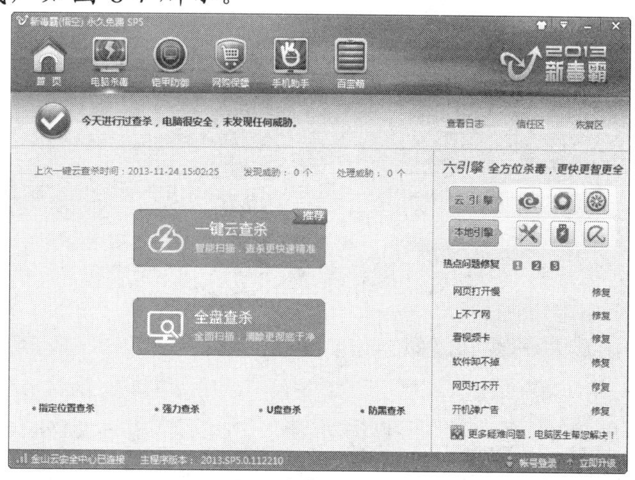

图 8-7

第2步 单击【全盘查杀】按钮，则进入病毒查杀界面，如果磁盘容量大、文件多，则需要很长时间才能完成，如图8-8所示。

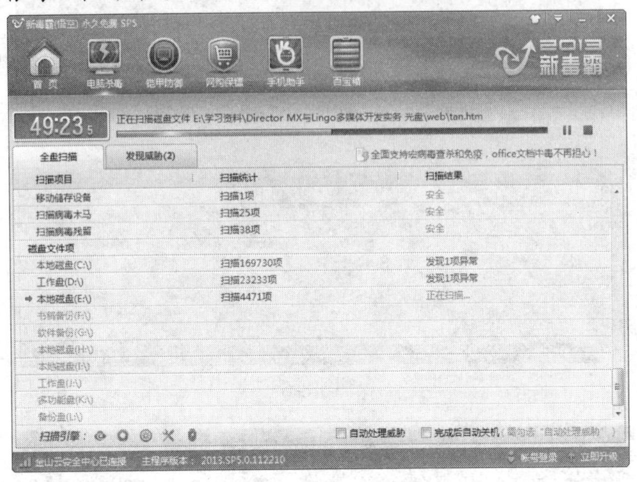

图8-8

第3步 扫描完成或终止扫描后，则出现扫描结果，这里检测到了64项威胁，如图8-9所示。需要注意的是，一些程序的插件会被误判为病毒，所以处理时要特别小心。

图8-9

第4步 如果要对这些文件进行处理，则单击【立即处理】按钮，这时将删除这些危险文件，结果如图8-10所示，此时单击【完成】按钮即可。

图 8-10

智慧锦囊

在电脑中第一次安装了杀毒软件以后，最好进行一次全盘扫描，这样可以彻底查杀病毒，但是全盘扫描需要的时间较长。

8.3.3 自定义杀毒

全盘扫描的优势在于杀毒彻底，但是需要的时间较长，所以有时用户往往会选择自定义杀毒，具体操作步骤如下：

第 1 步 启动新毒霸 2013，切换到【电脑杀毒】界面，在该界面中单击下方的【指定位置查杀】文字链接，如图 8-11 所示。

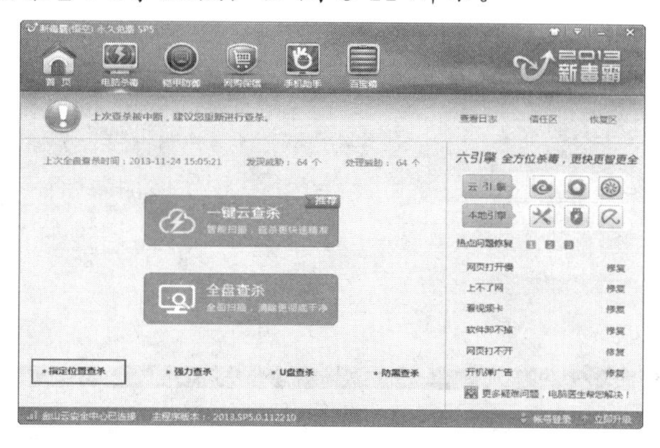

图 8-11

第2步 此时将弹出一个对话框，要求指定扫描路径，这里只选择L盘，然后单击【确定】按钮，如图8-12所示。

第3步 指定扫描路径以后，新毒霸开始对指定的路径下的文件进行扫描，此过程与全盘扫描完全一致，上方显示扫描进度，下方显示扫描信息，如图8-13所示。

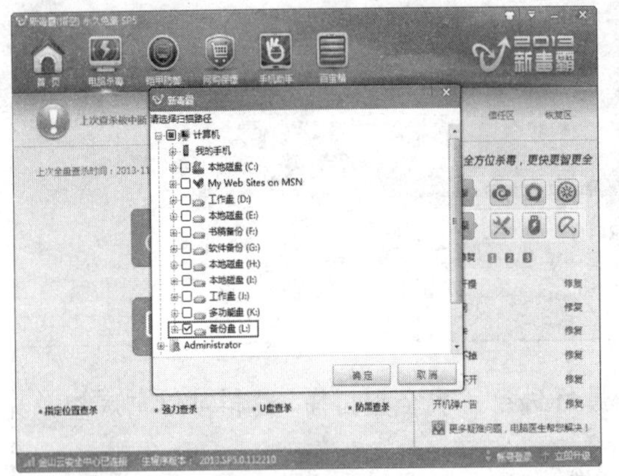

图8-12

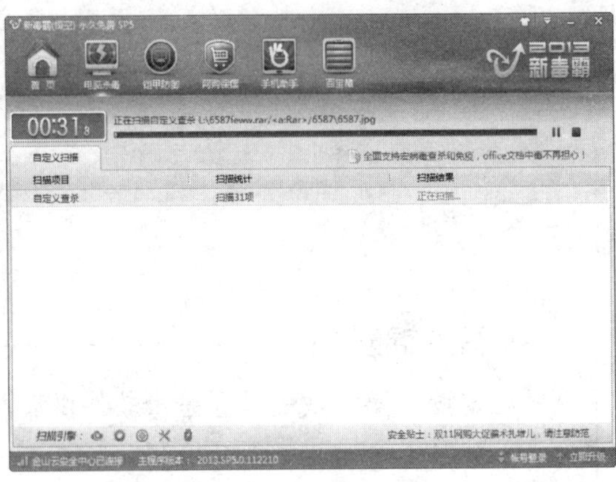

图8-13

第4步 扫描完成后将提示扫描结果。如果查到病毒，则参照全盘扫描进行处理即可；如果没有病毒，则将出现如图8-14所示的页面，此时单击【完成】按钮即可。

图8-14